软硬变化检测的农作物遥感识别方法

朱 爽 著

北京交通大学出版社

·北京·

图书在版编目（CIP）数据

软硬变化检测的农作物遥感识别方法 / 朱爽著. -- 北京 ： 北京交通大学出版社，2024. 8. -- ISBN 978-7-5121-5336-3

Ⅰ. S5

中国国家版本馆 CIP 数据核字第 2024EV8300 号

软硬变化检测的农作物遥感识别方法
RUAN-YING BIANHUA JIANCE DE NONGZUOWU YAOGAN SHIBIE FANGFA

责任编辑：刘 蕊

出版发行：北京交通大学出版社 　　　　电话：010-51686414 　　http://www.bjtup.com.cn

地 　址：北京市海淀区高粱桥斜街 44 号 　　邮编：100044

印 刷 者：北京虎彩文化传播有限公司

经 　销：全国新华书店

开 　本：170 mm×235 mm 　　印张：10.125 　　字数：154 千字

版 印 次：2024 年 8 月第 1 版 　　2024 年 8 月第 1 次印刷

定 　价：49.00 元

本书如有质量问题，请向北京交通大学出版社质监组反映。对您的意见和批评，我们表示欢迎和感谢。

投诉电话：010-51686043，51686008；传真：010-62225406；E-mail：press@bjtu.edu.cn。

前　言

　　及时、准确地获取农作物播种面积信息，对于制定国家/区域农业经济发展规划、指导种植业结构调整，提高农业生产管理水平具有重要的意义。我国是一个农业大国，具有地块破碎、种植结构复杂的特点，这给利用遥感技术监测农作物带来很大的挑战。

　　利用遥感技术进行农作物识别的传统方法包括两类，分别为单时相遥感影像识别、多时相遥感变化检测。单时相遥感影像识别是利用农作物生长季关键期的单期遥感影像进行农作物识别，由于同期农作物存在光谱相混的问题，会造成大量的混分现象，识别精度难以保证。农作物生长具有短时间内土地覆盖变化强烈的特征，这种短时间内的迹象变化与自然植被的周期性变化形成了较大的反差。利用多期遥感影像进行农作物检测识别，能够利用短时间内农作物的光谱变化进行农作物识别，消除农作物相混的问题，提高识别精度。从识别结果来看，采用多时期遥感变化检测方法进行农作物识别主要分为两类：硬变化检测方法（hard change detection method，HCD）和软变化检测方法（soft change detection method，SCD）。HCD方法能够将检测结果以离散方式表达变化和非变化信息，虽然该方法利用物候生长特征可准确进行农作物的识别，但该方法无法解决混合像元的影响，造成了（0，1）二值结果的局限性。SCD方法在一定程度上解决了这一不足。当前，对于利用SCD方法进行农作物识别，常用方式是利用MODIS时间序列数据采用光谱分解的方式识别农作物丰度，但该方法易受到光谱的不确定性影响。

　　HCD方法和SCD方法各有优势：HCD方法可以消除光谱不稳定性的影响，SCD方法可以针对混合像元造成的软变化进行有效识别。本研究综合软、硬变化检测方法各自的优势，针对中分辨率遥感数据（10～60 m）提出了一种 HCD、SCD 二者相结合的农作物变化检测识别方法——软硬变化检测的农作物遥感识别方法（soft and hard detection method，SHCD），以达到对离散型变化区［即硬变化区（hard change region，HCR）］和连续型变化区［即软变化区（soft change region，SCR）］分别采用 HCD 方法和 SCD 方法进行变化检测，提高农作物的识别精度。本研究进行了 3 个模拟实验、2 个真实实验，与传统的 HCD 方法、SCD 方法进行定量比较，验证 SHCD 方法的适用性。研究形成以下结论。

（1）提出了基于剖线梯度变化方法（profile based gradient change magnitude，PGCM）来区分硬变化区（HCR）、软变化区（SCR）和未变化区（NCR），从地块内部向外勾画剖线，利用剖线强度的梯度变化确定 3 个区域之间的阈值。PGCM 能够自动、快捷地确定阈值，有效地划分 HCR、SCR 和 NCR 3 个区域，为进一步进行 HCR、SCR 农作物识别提供基础。由于光谱的不稳定性以及其他地物的变化，该方法在一定程度上会导致在 HCR_真值和 NCR_真值两个区域产生混入。

（2）利用支撑向量机（support vector machine，SVM）和限制性端元 SVM（constrained endmember support vector machine，CESVM）对 HCR、SCR 区域进行识别，开展了冬小麦（大兴、通州）、玉米（延庆）的模拟实验，通过比较，发现 SHCD 方法优于 HCD 方法和 SCD 方法。在地块破碎的大兴研究区，识别结果的 RMSE（均方根误差）都比较低，在 0.15 以下。在 1×1 评价窗口下，SHCD 方法在不同分辨率下冬小麦检测精度都比较高，SHCD 方法的 RMSE 范围为［0.11，0.15］，低于 HCD 方法的［0.13，0.28］和 SCD 方法的［0.12，0.14］。在地块规整的通州研究区，在 1×1 评价窗口下，SHCD 方法的 RMSE 范围为［0.10，0.12］，低于 HCD 方法的［0.12，0.18］和 SCD 方法的［0.15，0.18］。在种植结构复杂的延庆研究区，SHCD 方法仍表现出同样的优势，在 1×1 评价窗口下，SHCD 方法的 RMSE 范围稳定在［0.31，0.34］之间，低于 HCD 方法的［0.33，0.39］和 SCD 方法的［0.35，0.36］。此外，在 3 个模拟研究区，不同分辨率影像下进行农作物的识别，SHCD 方法不同于 SCD 方法和 HCD 方法受限于影像分辨率，该方法不受景观特征的影响，在不同分辨率尺度影像上进行农作物识别均能够保证比较高的识别精度。

（3）利用 SHCD 方法针对小麦、玉米开展真实的实验，冬小麦的识别结果在不同窗口尺度下，SHCD 方法、HCD 方法、SCD 方法的 RMSE 在各窗口下的取值范围分别为［0.07，0.13］，［0.07，0.16］，［0.07，0.16］；bias（偏差）的大致取值分别为−0.000 7，−0.008，0.015；R^2（决定系数）取值范围分别为［0.73，0.90］，［0.52，0.76］，［0.55，0.74］，SHCD 方法表现出较好的识别效率。对于秋粮（玉米、水稻），评价窗口为 1×1 的时候，SHCD 方法检测出的水稻 RMSE=0.19，优于 HCD 方法的 RMSE=0.21 和 SCD 方法的 RMSE=0.22；玉米识别结果的 RMSE=0.237，HCD 方法的 RMSE=0.251，SCD 方法的 RMSE=0.266，表明 SHCD 方法在农作物检测识别中，表现出其优势。

（4）针对农作物在短时间尺度上 HCR 和 SCR 共存的现象，SHCD 农作物检测方法集成了 HCD 方法和 SCD 方法各自的优势。在 HCR 区域，基于 SVM 的识别，消除光谱不稳定性的影响；在 SCR 区域，CESVM 在 SCR 像元周边搜索 HCR 变化像元类型和与其光谱特征相关（相关性＞10%）的样本类型作为端元进行有效的像元分解，消除不相关端元的干扰，这是保证农作物识别精度的关键。SHCD 方法对单季农作物具有一定的普适性，该技术框架能够进一步应用到土地覆盖遥感变化检测之中。

目 录

1 绪 论

1.1 研究背景及意义

我国是农业大国，及时、准确地获取农作物播种面积信息，对于制定国家/区域农业经济发展规划、指导种植业结构调整，提高农业生产管理水平具有重要的意义[1]。遥感技术具有覆盖范围广、探测周期短的特点，为农作物准确识别提供了重要的技术手段[2]。

当前，利用遥感技术进行农作物识别的方法包括两大类：单时相遥感影像识别、多时相遥感变化检测。单时相遥感影像识别是利用农作物生长季关键期的单期遥感影像，采用不同的分类方法，如硬分类方法（包括神经网络、决策树分类、支持向量机等）、软分类方法（包括线性模型、概率模型、随机几何模型、模糊分析模型等）等，分类获取农作物的空间分布信息[3]；或通过单期遥感影像提取特定关键指标，如绿度剖面特征[4]、植被指数[5]、叶面积指数[6]等，设定阈值进行农作物信息的提取。由于同期农作物存在光谱相混的问题，即"异物同谱"，导致农作物识别结果会产生大量的混分现象，难以保证识别精度[7-8]。农作物生长具有短时间内土地覆盖变化强烈的特征，这种短时间内的迹象变化与自然植被的周期性变化形成了较大的反差[9-10]。因此，利用多期遥感影像进行农作物检测识别，能够根据农作物短时间内的光谱变化，定量刻画出农作物的生长物候特征并进行农作物识别，消除农作物相混的问题，提高

1

识别精度[8, 11-13]。根据农作物在不同生长期内表现出的光谱差异特性，适合采用多时相土地覆盖变化检测方法进行农作物的识别。目前，从识别结果来看，变化检测方法进行农作物识别主要分为两类：硬变化检测方法（hard change detection method，HCD）和软变化检测方法（soft change detection method，SCD）[13-14]。其中，HCD 方法的检测结果以离散方式的土地覆盖表达变化和非变化信息，从而提取出农作物的空间分布，如代数运算法、转换法、分类法。应用代数运算法对多期遥感图像进行数学运算，可设定阈值对农作物的分布进行识别。通过转换模型对两期遥感影像进行信息综合，减少数据的冗余，来对农作物的特有变化特征进行提取。通过不同分类模型对多期影像进行分解，构建变化矩阵信息来进行农作物的检测，减少了多期影像之间大气、环境等因素的干扰[15-16]。从当前的研究来看，HCD 方法作为常用的遥感变化检测农作物识别方法，其优势在于能够利用农作物的物候生长特征准确进行识别，但由于该方法受到混合像元、光谱不确定性等诸多因素影响，不适合对复杂地物和微弱变化区域进行描述[17]。SCD 方法是用［0，1］之间的连续变化概率图进行土地覆盖变化信息提取，可以检测出微小的土地覆盖变化信息，从而得到目标像元内的丰度，较 HCD 方法能够提供更加丰富的信息。目前有关 SCD 方法的研究已取得一定进展，主要包括：阈值划分法[18-19]、模糊混合矩阵法、基于对象的划分法[20]、基于时间的变化检测方法[21]，以及时间序列的混合像元分解[3, 22]。以上 SCD 方法多用于土地覆盖、森林、沙漠、生物交错带等方面的研究，且多应用于长时间跨度的土地覆盖研究。SCD 方法适合于中、低分辨率影像渐变或者由于混合像元造成的渐变状态的识别，能够反映出土地覆盖的连续变化特征，得到农作物的丰度信息，但该方法在纯净区域的识别易受到光谱不稳定性因素（如大气、土壤等）影响，导致混入一些其他地物组分，造成识别误差[23]。

综上，多期遥感影像上硬变化（离散变化，像元内完全发生变化）、软变化（连续变化，像元内部分发生变化）是共存的[24]，单独采用软、硬变化检测都会给农作物识别结果带来误差。针对上述问题，本书综合软、硬变化检测方法各自的优势，提出了一种二者相结合的农作物识别方法——软硬变化检测的农作物遥感识别方法（soft and hard change detection method，SHCD），以达到对硬变化区（即纯净像元区，包括完全转换为农作物的突变区域和非农作物区域）和软变化区（即过渡区，混合像元区，是部分转换为农作物的区域）农作物进行准确识别。

1.2 国内外研究现状

土地覆盖变化检测是在不同的时间内，对地表对象或现象的状态进行观察来识别差异的过程[25]。农作物作为短时间尺度内地表土地覆盖发生变化的类型，已有的土地覆盖适用于农作物的识别。从识别结果来看，变化检测方法进行地物识别主要可分为两类，分别为硬变化检测和软变化检测[26]。

1.2.1 硬变化检测方法研究

硬变化检测是最常用的方法，该方法将检测结果以离散形式表示变化和非变化两种状态，主要包括三种方法：代数运算法、转换法、分类法。

1. 代数运算法

通过不同的代数运算方法对图像进行计算，以提取出土地覆盖变化的信息，主要包括差值影像、比值图像、植被指数差值、变化向量分析、图像回归和背景值去除。差值影像是将两幅影像进行逐像元间的光谱信息相减而得到的。该方法被用于落叶森林[27]、土地覆盖变化[28]、灌溉农业的检测，其特点是应用直接、简单，识别结果容易解释，但是不能够提供详细的变化矩阵，且需要进行阈值划定确定变化分布。比值图像是将两期配准好的遥感影像进行逐波段的比值运算。比值图像可用于区域变化识别。应用比值图像进行土地制图和变化检测，能够减小太阳高度角、阴影、地形的影响，但检测结果分布异常，效果并不理想。植被指数差值是分别计算两期影像的植被指数，然后再相减得到。该方法被广泛用于植被变化[29-30]、森林冠层变化[31]、废弃农业检测[32]、农作物面积监测[33-34]，主要特点是强调了不同特征光谱反应的差异，减少了地形和亮度影响，但增加了随机噪声和一致性噪声。变化向量分析，是一种应用广泛的变化检测方法，是图像差值的扩展，一方面通过光谱变化向量来描述从第一期到第二期的变化方向，另一方面根据每个像元计算总变化强度的欧氏距离，设定阈值确定变化。该方法被用于景观变量的变化检测[35]、土地覆盖变化[36]、灾害评估[37]、针叶树森林变化以及冬小麦和玉米的检测识别[38]，其特点是能够对任意的波段进行处理，得到详细的变化检测信息，但难以识别土地覆盖变化轨迹。图像回归，是通过建立两幅影像的回归方程，然后用预测值跟第二期影像进行差值计算来得到变化信息，被应用于热带雨林变化、森林的转化[39]等方面的研究中。该方法能够减少大气、传感器、环境差异等因素对两期影像的影响，但需要提供准确的回归方程。背景值去除，是在非变化区域的背景值变化很慢的前提下，对原始影像进行低通滤波来估计影像变化的背景影像，最后由原始影像减去估计的背景影像得到变化信息，曾被用于热带雨林[40]的变化研究。该方法易于操作，但精度较低。

综上，代数运算法的共同特点是，都需要选择阈值来划定变化区域，实现方法相对简单、直接，识别结果易于应用和解释，但不能够提供完整的变化矩阵信息，且在识别过程中阈值的正确定义存在困难。

2. 转换法

转换法包括主成分分析（principle component analysis，PCA）变换、缨帽变换（K–T 变换）、GS 变换和卡方变换。PCA 变换假设多时相数据是高度相关的，变化信息在新组分中能够很容易被发现。通过两种方法来实现变化信息提取：一种是将两幅或多幅影像合并为一个文件，然后进行 PCA 变换，分析较小组分的变化信息；另一种是对两期影像分别进行 PCA 变换，然后将第二期影像的 PCA 变换结果减去第一期影像相对应的 PCA 变换结果。该方法目前常被应用于土地覆盖变化[41–42]、城市拓展[43]、热带森林转换、森林死亡率、森林砍伐[27]等方面的研究，其特点是减少数据冗余，强调变换后的不同信息。然而，基于不同时期数据的 PCA 变换结果很难进行比较，不能提供变化矩阵以及变化类型信息，且需要阈值划定。K–T 变换，原则与 PCA 变换一致（差别在于 PCA 变换是跟影像相关的，而 K–T 变换独立于影像），是基于亮度、绿色度、湿度 3 个组分来进行的变化检测。该方

法目前应用于森林死亡率检测[44]、绿色生物量的变化检测[45]和土地利用变化检测[46]等方面的研究，其特点是独立于影像，减少波段间的数据冗余，强调变化成分信息，但这种变化信息难以进行解译，不能提供变化矩阵，且阈值设定比较难，还对大气纠正的精准度有很高的要求。GS 变换，将光谱向量正交化，产生 3 个稳定的组分（与 K–T 变换后的亮度、绿度、湿度相对应）以及 1 个变化组分。该方法目前应用于森林死亡率研究，其特点是变化组分和影像特征之间的联系可以提取到其他方法可能探测不到的变化信息，但对于给定的变化类型难以提取超过 1 个组分，且 GS 变换过程依赖于光谱向量的选取以及变化类型。卡方变换，能够将多波段同时进行考虑，并生成一幅单一的变化图像，但该方法假设当影像大部分发生变化时，图像变化值为 0 并不代表没有发生变化，且不能定义光谱变化方向。该方法曾被用于城市环境变化检测[47]，但目前，由于计算方法相对复杂，且多数图像处理软件未提供相应计算模块，该方法实际应用较少。

总体来看，图像转换方法能够减少波段间的数据冗余，在新生成的组分中突出了不同信息；但该类方法不能提供详细的变化矩阵，并需要提供阈值来判定是否发生变化，且难以在变换后的波段上解译和标记变化信息。

3. 分类法

分类法主要包括分类后对比、光谱–时相综合分析、期望最大值变化检测（EM 检测）、非监督变化检测、混合变化检测、人工神经网络检测。分类后对比，是分别对多期影像进行分类，然后对每个像元进行对比判别变化信息的方法。该方法目前用于土地覆盖变化[48]、城市建筑物检测[49]、湿地变化[15]、城市扩张[50]、高光谱变化检测方面的研究，其特点是能够将不同时期影像之间的大气、传感器、环境产生的误差最小化，并能够提供完整的变化矩阵信息。缺点是分类工作耗时较大，检测的精度依赖于每个影像的分类精度。光谱–时相综合分析，是将多期影像叠加在一幅图像中，然后进行分类，识别变化信息。该方法目前用于沿海区域环境的变化[51]和森林变化研究中，其特点是分类过程简单、省时，但难以识别变化类型，不能提供变化矩阵信息，且需要估计先验联合概率。EM 检测，是基于分类的方法，利用 EM 算法来估计先验联合概率。这些概率可直接从影像分析中获得。该方法目前用于土地覆盖变化研究，其特点是相比于其他的变化检测方法可以提供更高的变化检测精度，但需要估计先验联合概率。非监督变化检测，即首先选择一期影像中光谱类似的像元和像元簇作为初始类簇，然后对二期影像光谱相似的像元簇进行标记，最后进行变化的检测。该方法目前用于森林变化[52]、城市扩展[53]、广义高斯模型假设下 KI 双阈值法的 SAR 图像变化检测算法等方面的研究。其特点是可以利用非监督的特点自动进行变化过程分析，但难以进行变化轨迹的标定。混合变化检测，是用图像叠加增强法来提取出变化像元，然后用监督分类方法进行分类。从分类结果中构建一个二元变化掩膜，用变化掩膜将土地覆盖变化图中的变化像元部分剪切出来。该方法用于土地覆盖变化[54]、植被变化[55]、鳗草检测[56]等方面的研究，其特点是能够将不发生变化的像元排除在外，可以减少分类误差；但需要为分类方法选择合适的阈值，并且变化轨迹的识别较为复杂。人工神经网络检测，是非参数监督算法，目前用于湖泊退化检测[56]、土地覆盖变化[57]以及森林检测[58]等研究。该方法能够根据样本估计数据的特性，但目前研究对隐藏层的特性了解较少，需要长时间的样本选择，且对样本数量很敏感。

总体来看，分类变化检测都是基于遥感影像分类，能够给出详细的变化矩阵且降低多期影像中来自大气、环境方面的影响，但多期影像间高质量训练样本的选择是比较困难的，这将对分类结果产生很大的影响，从而影响变化检测的结果。

1.2.2 软变化检测方法研究

针对过渡型土地覆盖变化和遥感混合变化像元存在的区域，软变化检测方法（soft change detection，SCD）用 [0，1] 间的连续变化概率图进行土地覆盖变化信息提取，可以检测到微小的土地变化信息。目前已经开展了一些相关软变化检测方面的研究。该类方法首先定义连续型地物参量，然后对比不同时期参量的变化程度，定量表达土地覆盖变化强度信息。例如，Adams 等和 Roberts 等利用光谱混合分解模型提取出不同时期的土地覆盖丰度，用于植被覆盖变化的信息提取[18,59]。Souza 等将线性光谱混合模型得到的土壤变化程度，成功检测了森林伐木情况[19]。Foody 将年际间的 NDVI 用简化的 S 形曲线方程转化为丰度图来表达沙漠化程度，用于研究沙漠的波动情况[60]。Fisher 等将模糊混合矩阵用于界限划分，并在生物交错带的变化检测中较布尔运算获得了更加准确的变化信息[61]。Hill 等用最大似然法计算后验概率反映生物交错带混合变化像元中土地覆盖类型的组成，并将高山交错群落树木划分为 5 个过渡类，较传统硬变化检测能够更准确地表达出地物的变化信息[62]。Ardila 等首先利用迭代高斯方程分类器对高分辨率图像进行分类得到树冠隶属度信息，然后通过综合区域增长法和曲面拟合法用于冠层信息提取，最后通过对比前后两期影像得到突变区和渐变区，准确反映出城市林业的变化信息，尤其是对高分辨率存在的混合变化像元区，能够反映出林地的微弱变化[20]。Kennedy 等提出了一种基于轨迹的变化检测方法，假设与土地覆盖变化相关的现象在土地覆盖发生变化前和变化后都具有独特的发展状态，并且这些发展时态能够更好地代表光谱空间时间序列特征[21]。由于应用了时间轨迹的光谱信息，因此在进行检测的过程中不需要屏蔽非森林区和特定阈值的设定，能够同时对非连续现象和连续现象两种情况进行判断，提供森林波动年份、强度以及恢复速率信息的估计[61-62]。其实，在农作物遥感识别中，利用 MODIS 时间序列数据进行农作物的识别就是一种软变化检测农作物识别方法，该方法主要是利用 MODIS 时序指标指数表达农作物的物候特征，识别农作物。例如，Lobell 等、许文波等利用 MODIS 时序数据采用线性分解模型识别冬小麦[22, 63]；Pan 等构建 MODIS 冬小麦物候指数模型与 TM 建立回归关系，估算 250 m 尺度上冬小麦的丰度[3]；顾晓鹤等分析了 MODIS 冬小麦分解结果与 TM 的异质性[64]。软变化检测进行农作物的识别核心方法就是进行分解，获取农作物的丰度信息。由于物候、大气条件和土壤水分等差值导致的"干扰噪声"，尤其对于 MODIS 数据常为 8 天、16 天合成数据，像元上是 16 天的合成结果，造成光谱的不稳定。Somer 等分析了光谱的不稳定性，受到类内、类间光谱不稳定性的影响，对识别结果带来很大的偏差[23]。光谱的不稳定性对软分类的影响一直是混合光谱分解模型中待解决的难点和热点问题。

1.3 存在的问题

综上所述，软、硬变化检测方法在农作物识别中应用较为广泛。但受到农作物种植景观特征和遥感数据分辨率等因素的影响，软、硬变化检测方法对农作物变化类型分别有各自的不足。

首先，硬变化检测方法，从空间角度来看，由于遥感图像是由栅格像元构成，对于中、低分辨率影像，尤其是在农作物破碎种植区，一个像元内反映出的土地覆盖变化往往不只是一种农作物，而是多种变化类型共存的现象，这是由混合像元造成的。其次，硬变化检测结果仅给每个像元分配一个排他性的二值结果（0，1），即农作物和非农作物[61]，侧重于硬变化区域的信息提取，但对于软变化区域内像元难以准确识别，造成农作物识别误差。

软变化检测方法，利用农作物在整个生长期的物候特征，采用分解方式获取农作物连续的丰度值，在混合变化像元区和过渡变化像元区表达出更加丰富的信息，但由于光谱的不稳定性因素（由大气、土壤等因素造成）导致混入一些其他地物组分，给变化方向和其特征的确定带来困难，带来类内光谱不稳定性，导致硬变化区域（完全发生变化的区域）的识别造成误差；另外，现有研究虽然将硬变化和软变化进行了划分，但并未对软变化，尤其是农作物丰度方面进行深入的分析研究。

1.4 研究目的

对于利用遥感技术进行检测识别而言，在时空尺度上土地覆盖变化存在硬变化、软变化、未变化 3 种类型。针对目前软、硬变化检测方法各自的特点，本书综合两种检测方法的优势，提出了一套软、硬变化检测相结合的农作物识别方法，以克服因像元尺度导致的软变化（由混合变化像元）以及光谱不稳定性导致的硬变化区域造成农作物识别的误差，从而提高农作物多时相遥感识别精度。

1.5　研究内容及框架

本书提出一种软硬变化检测复合的农作物识别方法（SHCD），分别选择地块规整、破碎的冬小麦区域和同期农作物种植结构复杂的秋粮开展研究，验证方法的适用性。主要研究内容如下。

（1）基于空间剖线变化强度落差的农作物硬变化区/软变化区的划分。硬变化区/软变化区的划分是进行软、硬变化检测的基础。针对单维度的多时相变化强度图，设置空间剖线，获取软、硬变化区强度梯度落差的阈值；基于阈值判断来确定软、硬变化区域；针对软变化区进行窗口滤波，消除环境、传感器等因素的影响。

（2）基于限制性端元的支撑向量机软变化区农作物识别。指出端元的选择是混合像元分解的基础，但是由于地物光谱的不稳定性，给端元的选择带来困难[23]。本研究中，变化区的形成是短时间尺度内植被生长物候周期决定的，软变化区的形成也是由遥感影像尺度效应产生的混合像元造成的。因此，本研究针对软变化区采用选择限制性端元（确定端元数量、端元类型）输入到支撑向量机（SVM）中进行软变化区的农作物识别，也就是混合像元的分解，提高识别的精度。

（3）农作物检测方法的适用性分析。为验证 SHCD 方法的适用性，利用 3 个区域模拟数据（2 个区域 Quickbird、1 个区域 Quickeye）、2 个区域的真实遥感卫星数据（环境卫星、Landsat TM8）开展冬小麦、玉米和水稻研究，从农业景观特征、种植结构等方面验证 SHCD 方法进行农作物检测识别的适用性。具体研究框架如图 1-1 所示。

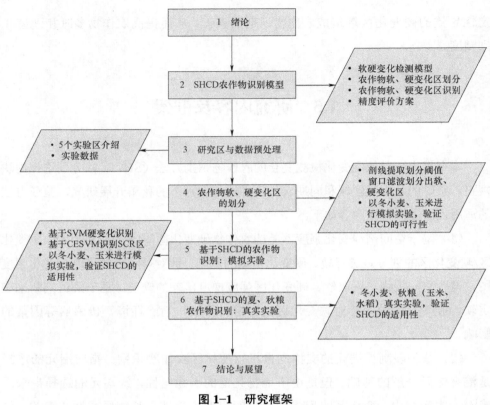

图 1-1　研究框架

2 SHCD 农作物识别模型

已有研究指出，地表覆盖变化可分为突变土地覆盖类型（如林地变城镇）、渐变土地覆盖类型（如荒漠化过程）[21, 60]。农作物是地球表面短时间内变化最为剧烈的土地覆盖类型之一。由于时空变化、农作物种植景观异质性、遥感影像分辨率等因素影响，软变化现象普遍存在于农作物变化检测识别的过程中。从空间角度来看，由于遥感图像是由栅格像元构成，对于中、低分辨率影像，尤其是在农业景观破碎的地区，一个像元内反映出的变化状态往往不单是一种地物类型，而是多种变化类型共存的，这是由混合像元造成的；同理，同单期影像像元内完全被一种农作物覆盖一样，以多期影像来表达农作物从一种状态完全转化为另一种状态称为硬变化。

我国农业种植的特点是地块破碎、种植结构复杂，极易在遥感影像上产生混合像元现象。针对利用遥感技术进行农作物检测时软、硬变化区共存的问题，本章重点介绍软硬变化的定义、软硬变化检测模型（soft and hard change detection，SHCD），以及 SHCD 实现流程和精度检验指标。

2.1 农作物软硬变化区的定义

遥感卫星进行地面拍摄，由于瞬间视场（instantaneous field of view，IFOV）

效应，会造成像元内多种地物的存在。如图 2-1 所示，设目标农作物为 M，A 表示 M 在 t_1 时刻表现为 A 类地物状态，B 表示 M 在 t_1 时刻表现为 B 类地物状态。由于像元分辨率影响，M 不可能刚好落在一个像元内（见阴影区域），导致与其他地物类型相混，这种现象就会造成混合像元现象，进而在时间尺度上产生软变化区域。从形态来看，这一现象一般发生在硬变化像元的周边，以线状地物形式表现出来。对目标农作物 M 而言，整个区域可以划分为三个部分：硬变化区域（hard change region，HCR）、软变化区域（soft change region，SCR）和未变化区域（non change region，NCR）。

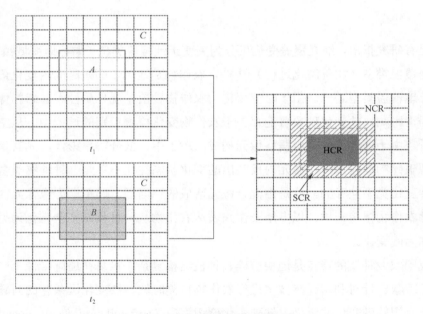

图 2-1　混合变化像元空间表达示意图

除图 2-1 表述的线性 SCR 情况外，农作物软变化区的形成还有另外一种情况。对于地块破碎的农作物景观特征，由于遥感分辨率尺度的问题（如分辨率为 10～60 m），经常大于农作物地块，也就是像元内包含多种地物，该地区农作物在遥感影像上多呈现面状的 SCR 区域。

2.2 软硬变化检测概念模型

农作物作为地表变化最为强烈的土地覆盖类型之一，传统的多时相变化检测方法适用于农作物的检测识别。硬变化检测方法（HCD）是按照某种规则或算法将变化检测结果划分为具有排他性的二值（0，1），分别表示变化、未变化[65-66]，其划分后的结果可表达为：

$$M = \begin{cases} 0, & S < S' \\ 1, & S > S' \end{cases} \tag{2-1}$$

其中，M 表示 HCD 方法检测出的农作物信息。S 代表不同时期地物的遥感信息变化特征，如光谱、纹理等。S' 是针对变化特征 S 设定的阈值。当变化特征值大于阈值 S，取值为 1，表示发生变化；当变化特征值小于阈值 S'，取值为 0，表示没有发生变化 [见图 2-2 (d)]。在此基础上，结合地物光谱的变化方向，确定农作物的类型。

HCD 方法输出的是离散二值结果，无法对混合像元区提供详细的过渡信息。为此，用于提供混合区域详细信息的软变化检测方法（SCD）应运而生。该类方法是将变化信息进行转化，能够深入像元内部，以 [0，1] 表达连续变化的混合像元和微弱变化区的信息进行细致描述，可表达为：

$$M = f(s) \tag{2-2}$$

其中，$f(s)$ 表通过各种传统软变化检测方法得到的强度或丰度信息，取值范围为 [0，1] 的连续丰度值，能够在渐变区（过渡区）表达出更为丰富的信息 [见图 2-2 (e)]，但由于环境、土壤、大气条件等因素造成类内光谱的不稳定性，在识别硬变化区（纯净农作物像元区）中存在识别误差[67]。在 Foody 提出的土地覆盖软变化检测模型 [见图 2-2 (e)] 的基础上，本书根据土地覆盖变化在多时相中、低分遥感影像上表现出连续的光谱变化特征[68]，结合图 2-1，将农作物在不同时期的光谱变化程度划分为 3 种状态：硬变化、软变化和无变化。具体公式为：

$$M = \begin{cases} 0, & f(s) < S_1 \\ f(s), & S_1 < f(s) < S_2 \\ 1, & f(s) > S_2 \end{cases} \qquad (2\text{-}3)$$

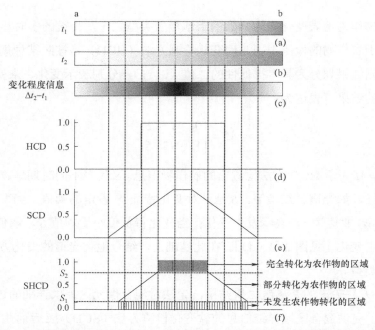

（a）、（b）分别为 t_1 和 t_2 时期研究区地表信息状态，其中 a、b 分别表示两种不同地物在遥感图像上表现出来的地表信息。白色（a 类）到绿色（b 类）表现为连续的过渡状态，而非突变状态。（c）表示 t_1 时期到 t_2 时期地物状态表现为 $\overrightarrow{ab}$ 的变化状态和变化程度信息，白色表示未发生农作物转化的区域，黑色表示完全转化为农作物的区域，灰色为部分转化为农作物的区域。（d）由硬变化检测方法（HCD）转变得到的目标农作物识别结果。（e）由软变化检测方法（SCD）转变得到的目标农作物识别丰度值。（f）由软硬变化检测方法（SHCD）转变得到的目标农作物识别丰度值。S_1 和 S_2 表示 HCR、SCR、NCR 之间的阈值，其中丰度值 S_1 以上表示完全转化为农作物的区域，S_2 以下表示未发生农作物转化的区域，S_1 和 S_2 之间表示 SCR 区域。

图 2-2　遥感变化检测农作物识别方法示意图

　　其中，M 表示软硬变化检测提取出的农作物丰度信息。$f(s)$ 代表通过传统软变化检测方法得到的强度或丰度信息。S 代表不同时期地物的遥感信息变化特征，如光谱、纹理等。S_1、S_2 是针对变化特征 S 设定的阈值，分别为 HCR、SCR、NCR 区域三种状态的阈值。由于农作物生长变化是在短时间内发生的，因此中分影像过渡区主要是混合像元或者光谱不确定区域。当丰度值小于 S_1 时，赋值为 0，表示没有农作物的区域；同样，当丰度值大于 S_2 时，赋值为 1，表示完全转化为农作物的区域；当变化程度介于 S_1 和 S_2 之间，代表过渡区，表示部分转化为农作物的区域，农作物丰度的取值范围为 $[S_1, S_2]$。其中，S_1 和 S_2 是划分三个区域的关键，实现方法可以采用变化强度阈值法[66]、空间特征划分[67]、模糊矩阵[61]、扩展支撑向量分析等。

从图 2-2（d）和图 2-2（e）可知，HCD 通过二值划分，根据阈值划分将变化状态的地物变化强度信息分为两类，用于表示农作物和非农作物［见图 2-2（d）］，但该方法无法对软变化像元区提供详细的变化信息；SCD 将变化程度信息转换成连续的丰度值［见图 2-2（e）］，在渐变区（过渡区）表达出更加丰富的信息，由于类内光谱的不稳定性而在识别纯净农作物像元区中存在识别误差。

SHCD 综合了 HCD 和 SCD 方法各自的优势［见图 2-2（f）］，一方面，在硬变化区（离散变化区）可通过土地覆盖变化状态来有效识别农作物（即纯净农作物像元区），另一方面，可在连续变化区通过农作物变化状态和变化程度更好地识别农作物的丰度信息（即混合农作物像元区），达到利用多期遥感影像变化检测提高农作物识别精度的目的。

2.3　软硬变化检测实现流程

农作物软硬变化检测模型是基于多时相变化检测进行农作物识别的一种概念模型。如同传统的硬变化检测方法，可以用多种方法来实现。总体思路是在时间尺度上，将农作物的过程整体分为两个阶段：农作物 HCR、SCR 的提取；分别针对 HCR、SCR 区域进行农作物的识别。

根据上述思路，SHCD 方法研究提出在差值向量的基础上，根据剖线落差方式划分出农作物的硬/软变化区，进而对硬变化区利用 SVM 进行识别、对软变化区利用限制性端元的 SVM 分解进行识别。SHCD 实现的技术流程如图 2-3 所示。

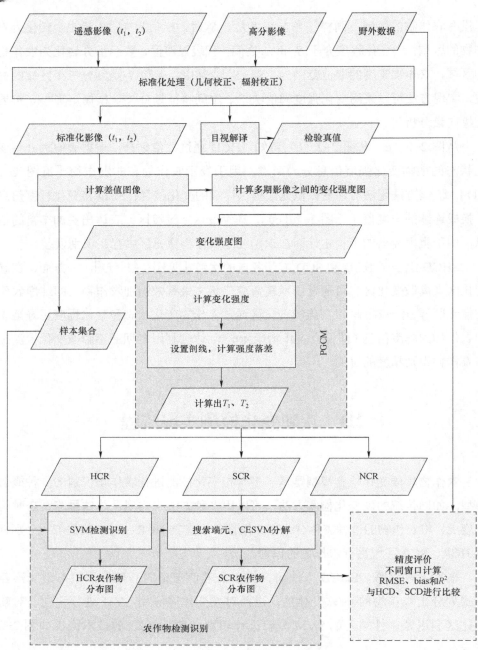

图 2-3 SHCD 实现的技术流程

2.3.1 变化向量的定义

利用变化检测方法进行农作物识别，主要是根据农作物在不同生长期内具有特定的物候特征，反映在遥感影像上表达出不同的光谱特征，从而利用遥感影像探测到农作物的光谱特征变化以确定农作物类型。

S 为从 t_1 到 t_2 时期遥感光谱特征变化对应地物的转化状态，表达为：

$$S : \overrightarrow{ab} \tag{2-4}$$

其中，a，b 分别代表 t_1 和 t_2 时期两种地物的光谱特征向量，由于纯净、混合像元并存，其光谱特征为连续分布状态［见图 2-2（a）和图 2-2（b）］，分别描述了 a 类地物信息（白色表示）到 b 类地物信息（绿色表示）的过渡状态。光谱信息变化状态可以映射为特定的农作物类型，即地物类型与某一种光谱特征变化一一对应，变化状态表现出从完全转化到部分转化的特征［见图 2-2（c）］，白色表示未发生农作物转化的区域，绿色表示完全转化为农作物的区域，灰色为部分转化为农作物的区域。对变化状态信息的划分成为农作物识别的关键。

在确定目标农作物变化方向的基础上，对两期遥感影像（n 个波段）采用图像差值方法，生成 n 个差值波段并组合形成 n 波段的变化向量信息。具体公式为：

$$DN' = DN_{T_2} - DN_{T_1} \tag{2-5}$$

其中，DN_{T_2} 表示 T_2 时期遥感影像各波段的 DN 值；DN_{T_1} 表示 T_1 时期遥感影像各波段的 DN 值。

2.3.2 变化强度定量表达

CVA 是常用的土地覆盖变化检测的方法，该方法通过不同时相的遥感图像进行光谱的测量，对于每一个像元可由变化方向和变化强度的向量来表达[69]。变化强度是反映了从 t_1 时期到 t_2 时期地表覆盖的转化强度。在 CVA 方法中，变化强度（CM_{pixel}）是通过 n 维向量空间中两个数据点之间的距离（一般为欧式距离）

进行表达，公式为：

$$\mathrm{CM}_{\mathrm{pixel}} = \sum_{k=1}^{n} [\mathrm{BV}_{ijk(T_2)} - \mathrm{BV}_{ijk(T_1)}]^2 \qquad (2\text{--}6)$$

其中，$\mathrm{BV}_{ijk(T_1)}$ 与 $\mathrm{BV}_{ijk(T_2)}$ 分别代表像元（i，j）在 t_1 和 t_2 时期 k 波段上的光谱值，波段 $k=1$，2，3，$\cdots$，n，n 代表采用的波段数。

式（2--6）表明 $\mathrm{CM}_{\mathrm{pixel}}$ 反映出地表在 t_1 和 t_2 时期地表发生的变化。当 $\mathrm{CM}_{\mathrm{pixel}}$ 取值较小的时候，说明在 t_1 和 t_2 两个时期未发生变化；当 $\mathrm{CM}_{\mathrm{pixel}}$ 取值较大的时候，说明两个时期的地物光谱发生比较大的变化，表明地表的土地覆盖类型发生了变化。阈值是利用变化强度图划分变化/非变化的关键。

2.3.3　农作物软硬变化区划分

软硬变化区共存是利用遥感技术进行农作物变化检测识别不可回避的现象。如何有效地识别出软、硬变化区是利用 SHCD 方法识别农作物的关键。

已有研究表明，针对 $\mathrm{CM}_{\mathrm{pixel}}$ 测算生成的变化强度图，对于确定地表变化、非变化区域，阈值的设定是关键。目前，设定阈值的方法主要包括：人工目视判读法，该方法受到人为主观因素的影响比较大，且操作困难；自动分类方法[70]，可选择样本进行直接分类，如 SVM 分类或者自动聚类方式，该方法速度快、效率比较高，在平时的研究中应用得比较多。此外，还有一种阈值确定方法，介于二者之间，交互式确定阈值，如陈晋等提出的双窗口变步长的阈值设定方法[66]，该方法从变化强度影像上选出变化、不变化的样本，通过迭代设定阈值不断逼近最高识别精度，最终确定出划分阈值。该方法能够有效地确定阈值，只要选择出的样本准确，就能够快速确定阈值，精度也可以有效地保证。

但是，上述方法对于硬、软变化区而言，实施起来存在一定的难度。主要是在中分辨率遥感影像上，从 HCR 穿过 SCR 向 NCR 的区域过渡，考虑到农作物地块的形状特征、影像成像角度等因素，软变化区可能就是围绕在硬变化区的周边像元（另外一种情况，就是地块破碎地区形成的 SCR）。

在区域划分中提出了一种基于变化强度图的剖线梯度变化方法（profile

based gradient change magnitude，PGCM）来确定阈值，通过从提取的农作物图斑内部向外部绘制剖线，计算剖线变化强度的变化，根据梯度变化的突变特性确定阈值进行 HCR、SCR 和 NCR 划分，为农作物的软硬变化检测提取提供基础。

对拔节期影像［见图 2-4（a）］与播种期影像［见图 2-4（b）］之间逐波段进行差值计算，得到差值影像图。图 2-5 是差值影像的一个子区图（以 30 m 分辨率为例），红色光谱代表一种农作物，作为要提取的目标对象。从图上可以清晰地看出，差值影像能够有效地表明冬小麦的空间分布。图 2-5（b）为对应的变化强度图，高亮的区域变化程度剧烈，为 HCR，黑色区域为 NCR，而灰色过渡的区域就是 SCR。结合图 2-5（a）可以看出冬小麦的分布情况，直线 AB 为从小麦地块内部到外部的剖线，可见冬小麦的变化强度呈现逐渐降低的趋势，这正好符合从冬小麦地块内部 HCR 向 SCR 逐步过渡的状态。

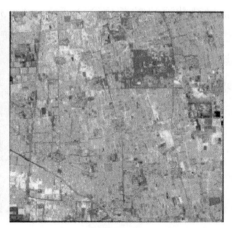

(a) 拔节期影像　　　　　　　　　　　(b) 播种期影像

图 2-4　研究区及数据

图 2-6 是针对 A 点到 B 点形成的剖线上对应的变化强度和梯度变化。图 2-6（a）可以定量地看出，从地块内部向外部过渡的过程中，变化强度在逐渐降低，下降区域呈逐步减缓的趋势。图 2-6（b）表明了从 A 到 B 过程中整个变化强度的梯度变化，即剖线上下一个像元变化强度与上一个像元变化强度之差。从剖线变化强

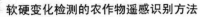

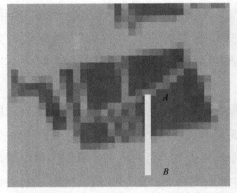
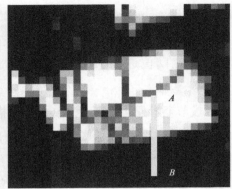

(a) 差值影像（组合 RGB=红光、绿光、蓝光差值波段）　　　(b) 变化强度图

图 2-5　差值影像的一个子区图

度来看，冬小麦从 HCR 向 SCR 过渡的过程中，整体趋势在下降。从剖线上来看，对于硬变化区域，由于多为纯净的冬小麦像元，变化强度处于高值，那么在这一范围变化强度的差值变化不大（1~3 个点）。随着距离的增加，由纯净的冬小麦像元向混合区域的冬小麦像元过渡，此时差值幅度突然增大（第 3 点与第 4 点的差值），而且为负值，也就是 T_1，该位置可定义为 SCR 像元的上限。随着距离的进一步增加，变化幅度降低，在第 6 个像元的时候，差值幅度进一步增大，正好位于从软变化区向未变化区过渡的状态，即 T_2，该位置可定义为 SCR 像元的下限。

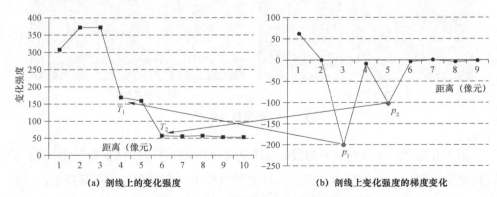

(a) 剖线上的变化强度　　　　　　　(b) 剖线上变化强度的梯度变化

图 2-6　剖线上对应的变化强度和梯度变化

根据上述分析，在此提出基于剖线梯度变化方法（PGCM）的硬、软和未变化区域划分方法。

$$\Delta CG = CM_{p_j} - CM_{p_i}, \quad i = 1,2,\cdots,n-1; \quad j = i+1 \tag{2-7}$$

其中 CM_{p_j}，CM_{p_i} 分别代表了剖线上的第 i 个点、下一个点（$j=i+1$）的变化强度值。ΔCG 代表了 i，j 两点之间变化强度的差值［示例见图 2-6（b）］。

从图 2-6（b）可以分析出，从 HCR—SCR、SCR—NCR 这两个阶段 ΔCG 均发生了突变。从农业景观特征来看，耕地多以规整地块的方式排布，农田周边多以休耕地为主。考虑到遥感成像的时候，对于从农田跨到周边的其他地物，形成混合像元的时候，一般像元内都是含有一定比例的农作物。比如，从农田地块（像元农作物含量 100%）向休耕地过渡，像元内部可能含有 70% 的农作物和 30% 的其他地物，这一突变是能够通过 ΔCG 表现出来的。为了有效、便捷地确定 T_1，T_2，在此提出一个假设：T_1 定义为在剖线上第一个出现差值下降且幅度最大对应像元强度值，T_2 定义为在剖线上第二个出现差值下降且幅度最大对应像元强度值。其中 p_1 代表剖线上第一个落差最大的点对应的像元位置，p_2 代表剖线上第二个落差最大的点对应的像元位置。由这一条剖线生成的 SCR 混合像元为 $p_1 \rightarrow p_2-1$ 对应像元 S_i。如果有 n 条剖线，则会生成 n 个 SCR（n 个 S_i）的像元集合，定义为 S_{CRP}。

$$T_1 = \max S_{SHP} \tag{2-8}$$

$$T_2 = \min S_{SHP} \tag{2-9}$$

通过变化强度来确定三种区域（I）：HCR、SCR 和 NCR。针对 CM 设定阈值 T_1，T_2 来划分开 HCR、SCR 和 NCR。

$$I = \begin{cases} HCR, & CM > T_1 \\ SCR, & T_2 \leqslant CM \leqslant T_1 \\ NCR, & CM < T_2 \end{cases} \tag{2-10}$$

从式（2-10）可以看出，基于 PGCM 方法来划分 HCR、SCR 和 NCR 三个区域最核心的工作是要确定 T_1，T_2。只要准确地获取 T_1，T_2，就可以有效地划分开 HCR、SCR 和 NCR 三个区域。其中，HCR、SCR 是进一步进行农作物识别的基础。考虑到农作物地块内部仍然存在光谱的不确定性，因此，在提取出 SCR 后，采用 3×3 窗口滤波，当窗口内部超过 1/3 的 SCR 像元时，中心像元保留，否则将该像元归属到窗口内占主导的 HCR 或 NCR 类。如果 HCR 和 NCR 个数相同，则归属为 HCR。因为，还可以通过变化方向来进一步确定该像元的归属。

2.3.4　软硬变化区农作物识别

在整个区域划分为 HCR、SCR 和 NCR 三个区域的基础上，NCR 肯定不是农作物区域需要考虑的。现在，主要的目标就是从 HCR 和 SCR 中提取出农作物的信息。HCR 区的农作物检测过程与传统的方法是一样的，直接通过差值影像选择出农作物的识别样本进行农作物的识别[71]，得到硬变化区内农作物的识别结果。

支撑向量机（support vector machine，SVM）作为统计学习理论基础上建立起来的非参数分类器[72]，广泛应用于图像分割和图像分类[70]。该方法通过边缘像元确定最优的超平面，对输入的向量进行划分，能够保证即使在小样本量的情况下也可以得到较好的识别结果[73]，因此引用 SVM 分别对 HCR、SCR 区的农作物进行识别。

1. SVM 工作原理

SVM 从线性可分情况下的最优超平面发展而来，其原理以图 2-7 的二维情况进行阐述。

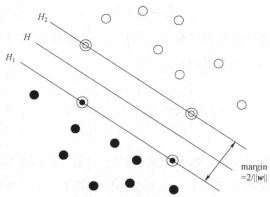

图 2-7　基于最优超平面原理图

图 2-7 中，实心点和空心点分别代表了两组样本。其中，H 为分割线，H_1、H_2 代表穿过每一类中离分类线最近的样本并且平行于分类线的直线，之间的距离称为分类间隔。可见，最优分割线就是要求能够最大限度地分开两组样本，并且保证彼此之间的间隔最大。定义方程 $xw+b=0$，线性可分的样本集 (x_i, y_i)，$i=1,\cdots,n, x \in \mathbf{R}^d, y \in \{+1, -1\}$，并且满足：

$$y_i[(wx_i)+b]-1 \geqslant 0, i=1,\cdots,n \tag{2-11}$$

两组样本之间的分类间隔为 $2/\|w\|$，如果保证二者之间的间隔最大，则需要 $\|w\|^2$ 最小。可见，保证条件式（2-11）满足且 $\frac{1}{2}\|w\|^2$ 最小情况下的超平面可定义为最优超平面。那么，位于 H_1、H_2 上的样本点就是支持向量。可见，SVM 算法中，要想将各类地物区分开，只需要确定支持向量即可，这也是 SVM 能够实现小样本的模式识别的基础。

进一步采用 Lagrange 优化方法能够将最优超平面问题转化为对偶问题进行解决，约束条件设置为：

$$\sum_{i=1}^{n} y_i \alpha_i = 0 \tag{2-12}$$

和

$$\alpha_i \geqslant 0, \quad i=1,\cdots,n \tag{2-13}$$

求解 α_i 函数的最大值：

$$Q(\alpha) = \sum_{i=1}^{n} \alpha_i - \frac{1}{2} \sum_{i,j=1}^{n} \alpha_i \alpha_j y_i y_j (x_i x_j) \tag{2-14}$$

α_i 是约束条件式（2-11）所对应的 Lagrange 乘子。求解出一部分 α_i 不为零，则相应的样本是用于获取超平面的支持向量。求解上述问题后得到的最优分类函数是：

$$f(x) = \text{sgn}\{(wx)+b\} = \text{sgn}\left\{ \sum_{i=1}^{n} \alpha_i^* y_i (x_i x) + b^* \right\} \tag{2-15}$$

式中的求和实际上只对支持向量进行。b^* 是用于分类的阈值，可以用任一个支持向量［满足式（2-11）中的等号］求得或通过两类中任意一对支持向量求解得到。

对于非线性问题，通过非线性变换转化为高维度空间中的线性问题，求解出最优超平面。在对偶问题中，寻优目标函数式（2-14）、分类函数式（2-15）训练样本之间的内积运算 $(x_i \cdot x_j)$。将 $\Phi : R^d \to H$ 输入空间的样本映射到高维的特征空间 H 中。在 H 中构造最优的超平面时，训练算法仅应用空间点积，$\Phi(x_i \cdot x_j)$。如果对于函数 K 符合 $k(x_i, x_j) = \Phi(x_i) \cdot \Phi(x_j)$，则高维空间中进行内积运算。在最优超平面中采用合适的内积函数 $k(x_i, x_j)$ 就可以实现某一非线性变换后的线性分类，而计算复杂度却没有增加，此时目标函数式（2-14）变为：

$$Q(\alpha) = \sum_{i=1}^{n} \alpha_i - \frac{1}{2} \sum_{i,j=1}^{n} \alpha_i \alpha_j y_i y_j K(x_i, x_j) \qquad (2\text{-}16)$$

而相应的分类函数变为：

$$f(x) = \text{sgn} \left(\sum_{i=1}^{n} \alpha_i^* y_i K(x_i, x) + b^* \right) \qquad (2\text{-}17)$$

这就是支持向量机。

如果希望在经验风险和推广性能之间求得某种平衡，可以通过引入正的松弛因子 ξ_i 来允许错分样本的存在。这时，约束式（2-11）变为：

$$y_i[(w \cdot x_i) + b] - 1 + \xi_i \geqslant 0 \qquad (2\text{-}18)$$

而在目标"最小化 $\frac{1}{2} \| w \|^2$"中加入惩罚项 $C \sum_{i=1}^{n} \xi_i$，C 为正则化算子，这样，对偶问题可以写成：

$$Q(\alpha) = \sum_{i=1}^{n} \alpha_i - \frac{1}{2} \sum_{i,j=1}^{n} \alpha_i \alpha_j y_i y_j K(x_i, x_j) \qquad (2\text{-}19)$$

限制条件为：$\sum_{i=1}^{n} y_i \alpha_i = 0$，$0 \leqslant \alpha_i \leqslant C$，$i = 1, \cdots, n$，这就是 SVM 方法的一般表达方式。

可见，SVM 通过函数 Φ 将实际问题利用非线性变换转到高维空间。在高维空间中构造线性判别函数来实现原空间中的非线性判别函数。SVM 在高维空间中寻找线性分隔超平面使线性分隔最大。$K(x_i, x_j) \equiv \Phi(x_i)^T \Phi(x_j)$ 被称为核函数。常用的核函数包括以下四种：

（1）线性函数（linear）：$K(x_i, x_j) = x_i^T x_j$。

（2）多项式函数（polynomial）：$K(x_i, x_j) = (\gamma x_i^T x_j + r)^d, \gamma > 0$。

（3）径向基函数（radial basis function，RBF）：$K,(x_i, x_j) = \exp(-\gamma \| x_i - x_j \|^2)$，$\gamma > 0$ 为间隔松弛向量。

（4）S 形函数（sigmoid）：$K(x_i, x_j) = \tanh(\gamma x_i^T x_j + r)^d$。

2. 农作物硬变化模型选择

针对 HCR 区域进行 SVM 硬变化识别，从差值影像上选择样本进行检测识别。RBF 是在遥感识别中常用的核函数[74]，因此本研究中采用 RBF 核函数直接进行 SVM 变化检测。

3. 限制性端元农作物软变化区识别模型

光谱混合分析（spectral mixture analysis，SMA）是通过分解光谱获得像元内各种组分的丰度。SMA 被分为线性分解（linear spectral mixture analysis，LSMA）和非线性分解。线性分解模型假设光谱的混合反射率等于各类地物与各自端元反射率乘积之和[75-76]。Brown 等[77]分析了 SVM 和 linear SMA（LSMA）二者之间的关系，实验结果证实 LSMA 与基于线性核函数的 SVM 相等价。SVM 本身适合线性分解，尤其适用于具有一定混合特性的端元。

Somer 等[23]指出了由于地物光谱的不稳定性，在采用模型分解方式获取地物组分的时候，受到三个因素影响：端元数量、端元类型和端元取值。因此，SHCD 方法提出基于限制性端元 SVM 分解（constrained endmember SVM，CESVM），进行软变化区的农作物检测识别。

基于限制性端元农作物识别在 LSSM 应用比较广泛。Roberts 等[59]提出多端元的 LSMA 混合像元分解（multi-endmember spectral mixture analysis，MESMA），该方法通过调整端元的输入，保证分解模型的残差最小。Powell 等[78]分析了 MESMA 能够有效解决光谱的不确定性，该方法在各领域中得到广泛应用。MESMA 方法需要端元库来确定端元进行分解，获得地物的丰度信息。该方法的端元库建立需要从地面实测、影像上获取大量的光谱，按照穷举的方式匹配端元，造成该方法的实现非常复杂。混合像元的端元选择可以通过以下三种方式来获取。

（1）每一个混合像元与既定的混合像元都有一定的归属概率。首先，计算像元与每一类的归属概率，一般可以采用最小距离、最大似然分类和 SVM 分类 $p(k)$，$k=1$，…，K（K 是分类个数）。其次，针对归属概率从高到低进行排序 $p(k)$。如果开始的几类样本与其他地物概率相近，则认为该像元由这几类地物组成。过于小的概率的地物类型，该混合像元不含有该组分。

（2）从空间特征上提出一个假设，混合一般发生在邻域内。以农业区域为例，农作物斑块经常互相连接在一起。混合像元是边缘带，处于地块之间。基于此，利用多光谱影像进行分类，生成专题图，定义 $W \times W$ 尺寸窗口。对于像元 (i, j)，如果邻域内有该地物，则认为是纯净像元。否则，窗口内的主体地物定义为该混合像元的端元。

（3）专家知识或者区域知识可以被用来减少无效的端元。对于农业系统而言，就是利用区域内农业种植特征，确定农作物混合像元的类型。

Jia 等[79]提出三种端元选择方法，第一、第二种方法从影像自身的角度出发，更具有可操作性。针对农作物遥感检测识别，SCR 主要是由于混合像元产生的。因此，对于软变化区内像元采用 CESVM 分解。本书借鉴 Jia 等的端元选择理念，结合方法一、二进行端元的确定。①

本书中，针对 CESVM 分解只进行端元类型和数量的确定，样本光谱特征不深入分析。CESVM 实现的具体流程如下。

首先，以 SCR 像元 p 为基础，在 $W \times W$ 窗口周边搜索硬变化区识别出的地物类型（通过 SVM 识别出的地物类型），类型 $k=1$，…，K（K 是类别个数）（见图 2-8）。其中，窗口尺寸定义是以 SCR 像元中心向外按照 3×3，5×5，…，$n \times n$ 向外搜索，当窗口包含 2 类或 2 类以上的 HCR 像元类型后，停止搜索。

其次，计算 p 与搜索到的 k 类地物对应样本的 SVM 归属概率，当归属概率低于 10% 的时候，则像元 p 不含此类地物组分。通过光谱归属概率检测，如果 $W \times W$ 窗口内搜索到的硬变化类型的归属概率均小于 10%（极端情况），则计算像元与区域内全部硬变化类型的归属概率，选择归属概率大于 10% 的硬变化类型。

---

① 端元一般指用于混合像元分解地物组分的光谱特征，一般采用 MNF 变换、PPI 等方式来获取。对于 SVM 进行混合像元分解而言，采用端元进行分解也可以。本研究中从图像上选择出的典型样本，也能够反映出纯净农作物的光谱信息。因此，可以用纯净的样本替代端元来进行 SVM 分解。为适应混合像元分解的理念，本研究将从图像上选择的样本视为端元（endmember）。

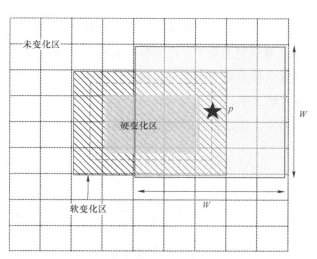

图 2-8 软变化区像元相关端元搜索选择示意图

通过上述两个步骤，确定了像元 p 的组成样本组合 S，输入到线性 SVM 中，进行 SVM 分解，获取农作物软变化区内的农作物丰度，完成 CESVM 的农作物识别。

2.4 精度评价方法

2.4.1 传统变化检测方法的选择

为验证 SCD 方法的适用性，引用传统的变化检测方法进行比较。HCD 方法实现直接采用 SVM 方法（RBF 核函数），SCD 方法直接采用 SVM 分解（线性核函数）。为保证三种方法的可比性，三种检测方法的输入采用相同的样本。

2.4.2 精度评价指标

均方根误差（RMSE）、偏差（bias）、决定系数（R^2）是三种常用的精度评价指标，用于土地覆盖遥感识别出的丰度。其中，RMSE 是对估计量偏差和方差的综合衡量指标， bias 是误差的均值，用来检验实验结果与真实值相比高估或低估的程度，R^2 能够表现出特定空间尺度下反映农作物空间格局的能力。上述指标常被用于农作物检测方法之中。

均方根误差、偏差、决定系数的计算公式为：

$$\mathrm{RMSE}(s) = \sqrt{\sum_{i=1}^{n} \frac{(\hat{a} - a_i)^2}{n}} \tag{2-20}$$

$$\mathrm{bias}(s) = \sum_{i=1}^{n} \frac{(\hat{a_i} - a_i)}{n} \tag{2-21}$$

$$R^2 = \frac{\mathrm{cov}(\hat{a}, a)^2}{\mathrm{var}(a)\,\mathrm{var}(\hat{a})} \tag{2-22}$$

其中，s 代表窗口大小，n 为研究区中的像元数，$\hat{a_i}$ 和 a_i 分别代表真值和实验结果中第 i 个像元冬小麦的丰度值，$\mathrm{cov}(\hat{a}, a)^2$ 是真值与实验结果中冬小麦丰度的协方差， $\mathrm{var}(a)$ 和 $\mathrm{var}(\hat{a})$ 分别代表实验结果与真值的总体方差。

2.4.3　尺度对精度的影响分析

在不同尺度窗口下进行精度评价，可以一定程度上消除图像与检验真值之间配准误差对精度评价的影响。主要表现在以下几个方面：① 真实农作物分布影像与实际遥感影像之间的几何配合误差难以避免和衡量，这将会对精度评价造成一定程度的影响；② 光谱不稳定性，即每个像元都会受到周边像元的影响，且有些影响是较大的，对于目标地物识别和精度评价会造成较大影响；③ 遥感影像的选择受多种限制，不同景观特征、不同农作物的最优尺度遥感影像选择也会影响识别结果。

针对上述问题，本书采取变换窗口的方法对识别结果进行评价。将真实目标农作物分布图和识别结果以遥感影像空间分辨率为基准，在不同窗口（1 像元×1 像元，…，n 像元×n 像元）下进行重采样，生成一系列不同空间尺度的影像，研究估计精度与采样单元大小之间的影响，可一定程度上消除图像之间配准误差对精度评价的影响[13, 22]。

3 研究区与数据预处理

3.1 研 究 区

为验证 SHCD 方法识别农作物的精度和适用性，本书选取位于北京（4 个）、辽宁（1 个）范围内的 5 个研究区、3 种农作物（冬小麦、玉米、水稻），进行模拟实验和真值实验研究。

3.1.1 北京研究区

研究区一、二、三、四位于北京市，地理坐标为北纬 39°26′～41°03′，东经 115°25′～117°30′，主要农作物为玉米、小麦、大豆等。该区域冬小麦生长期为 10 月至下一年 6、7 月；春玉米生长主要经过出苗—拔节—吐丝—灌浆—收获，具体物候特征见表 3-1。

表 3-1 北京地区农作物物候特征表

月份	1			2			3			4			5			6			7			8			9			10			11			12		
旬	上	中	下	上	中	下	上	中	下	上	中	下	上	中	下	上	中	下	上	中	下	上	中	下	上	中	下	上	中	下	上	中	下	上	中	下
春玉米													出苗		拔节					吐丝						灌浆		收获								
冬小麦			越冬				返春	起身		拔节			抽穗	灌浆		收获												播种	出苗		分蘖			越冬		

29

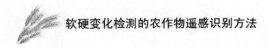

本书在北京选择了 4 个研究区，其中研究区一、二、三为模拟实验研究区，研究区四为真实实验研究区。

各研究区农业种植特点见表 3-2。各研究区的特征比较明显，可以从不同的方面验证 SHCD 的适用性。

表 3-2　研究区一、二、三、四农业种植特点

研究区名称	农业种植特点	目标研究农作物
研究区一（大兴）	地块破碎，小麦地块面积在［0.5，128］亩范围内，其中 10 亩以下的耕地地块占 90% 以上	冬小麦
研究区二（通州）	地块呈一定的规模，地块面积在［1，300］亩范围内，其中 10 亩以上的耕地地块占 60% 以上	冬小麦
研究区三（延庆）	秋粮农作物种植结构较复杂，与同期农作物及自然植被相混	春玉米
研究区四（朝阳、大兴、通州交界处）	地块破碎	冬小麦

1. 研究区一

研究区一位于北京市大兴区，范围为 10 km×10 km，属永定河冲积平原。该区农作物种植种类较多，主要包括小麦、玉米、花生、大豆等。地块破碎是该区域典型的农业景观特征。在该区验证 SHCD 方法在破碎种植区域识别冬小麦的适用性。

2. 研究区二

研究区二位于北京市通州区，范围为 10 km×10 km。该区地势平坦，农作物种植种类较多且结构较为规整，为典型的都市农业区。在该区验证 SHCD 方法在规模地块种植区域识别冬小麦的适用性。

3. 研究区三

研究区三位于北京市延庆区，以山区为主，农作物种植以玉米为主，与同期农作物（大豆、蔬菜等）和自然植被（树、草地等）混生，种植结构十分复杂。在该区验证 SHCD 方法对种植结构复杂的玉米检测识别的适用性。

4. 研究区四

研究区四位于北京市朝阳、大兴、通州三区交界处，覆盖范围为 15 km×14 km。该区冬小麦、蔬菜与果树交错生长，地块破碎，种植结构复杂，给冬小麦遥感识别带来了困难。在遥感影像上，大片、地块破碎的小麦呈现纯净、混合像元现象共存现象。该区用于实际情况下（包括破碎种植和规模种植两种情况）SHCD 方法识别冬小麦的适用性。

3.1.2 辽宁研究区：研究区五

辽宁研究区覆盖范围为 76 km×72 km，经纬度跨度为 121.45°～122.36° E，40.98°～41.63° N。该区地处中纬度地区，属于温带大陆性季风气候区，境内雨热同季，日照丰富，积温较高，冬长夏暖，春秋季短，四季分明，雨量不均，东湿西干，地势呈北高南低。该区以种植玉米和水稻为主，还混有其他农作物，如大豆、蔬菜等。这些农作物与玉米和水稻易于相混。在中国秋粮农作物种植中具有代表性，可以用来验证 SHCD 方法对秋粮检测的适用性，为能够向其他区域推广农作物遥感监测提供基础。研究区五 7 月 26 日的遥感影像如图 3-1 所示。

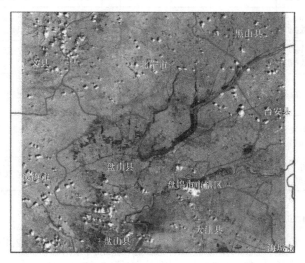

图 3-1 研究区五 7 月 26 日的遥感影像

3.2 实验数据与标准化预处理

3.2.1 实验数据

SHCD 方法研究分别开展模拟实验和真实实验，采用 QuickBird、RapidEye 数据作为夏粮、秋粮农作物的基础数据和模拟数据源；HJ–1 卫星数据、Landsat 8 OLI 中分辨率遥感影像数据为主进行农作物识别。此外，辅助数据包括野外实测数据、无人机航拍数据等（见表 3–3）。

表 3–3　实验数据说明

研究区	遥感数据类型	精度	获取时间	用途
一	QuickBird 多光谱数据	2.44 m	2006 年 4 月 23 日	模拟 2005 年 10 月数据；开展 SHCD 方法在规整种植景观下冬小麦识别研究；精度评价
	野外实测数据		2012 年 4 月 5—10 日	北京地区冬小麦识别精度评价
二	QuickBird 多光谱数据	2.44 m	2006 年 5 月 2 日	模拟 2005 年 10 月数据；开展 SHCD 方法在破碎种植景观冬小麦识别；精度评价
三	RapidEye 多光谱数据	5 m	2013 年 7 月 30 日	目视解译研究区三春玉米（秋粮），进行精度评价
四	HJ—1 卫星数据	30 m	2011 年 10 月 6 日	研究区四冬小麦软硬变化检测识别
			2012 年 4 月 16 日	
五	Landsat 8 OLI 多光谱数据	30 m	2013 年 5 月 23 日	开展 SHCD 方法在研究区五进行玉米、水稻识别研究
			2013 年 7 月 26 日	
	无人机 航片数据	10 m	2013 年 7 月	研究区五玉米、水稻 SCD 方法识别精度评价

1. QuickBird 数据

夏粮模拟实验采用 QuickBird 数据（简称 QB），分辨率为 2.4 m，包含 4 个波段（分别为蓝光波段 0.45～0.52 μm、绿光波段 0.52～0.60 μm、红光波段 0.63～

0.69 μm、近红外波段 0.76～0.90 μm），位于大兴区和通州区。大兴区影像覆盖范围为 10 km×9.9 km，获取日期为 2006 年 4 月 23 日，冬小麦呈破碎种植景观。通州区影像覆盖范围为 10.4 km×10.4 km，冬小麦呈规模种植景观，获取日期为 2006 年 5 月 2 日。从图 3-2 所示的两幅图像中可以看出，QuickBird 影像分辨率较高，地块边界线和各种地物的空间分布非常清晰，可通过目视解译直接获得准确的目标农作物空间分布，作为研究区的检验真值。

另外，利用变化检测进行农作物识别需要多期影像来完成，而由于数据获取的限制，每个区域只有一期影像（冬小麦拔节期，见物候表），已获取的 QB 影像也是进行另一期（播种期）影像模拟的基础。

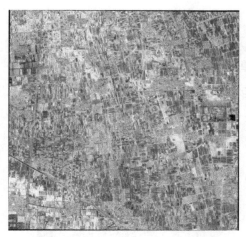

（a）夏粮破碎种植模拟实验区 QuickBird 影像（R：G：B 组合波段分别为 4：3：2，获取时间为 2006 年 4 月 23 日）　（b）夏粮规整种植模拟实验区 QuickBird 影像（R：G：B 组合波段分别为 4：3：2，获取时间为 2006 年 5 月 2 日）

图 3-2　试验区 QucikBird 数据说明

2. RapidEye 数据

夏粮模拟实验采用 RapidEye 数据（简称 RE），分辨率为 5 m，包含 5 个波段分别为蓝光波段 0.44～0.51 μm、绿光波段 0.52～0.59 μm、红光波段 0.63～0.685 μm、红边 0.69～0.73 μm 和近红外波段 0.76～0.85 μm），位于延庆区，影像覆盖范围为 17.6 km×14.1 km，获取日期为 2013 年 7 月 30 日，春玉米呈破碎种植景观，如图 3-3 所示。

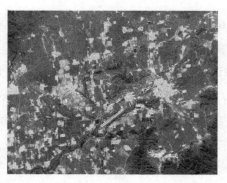

**图 3-3　夏粮模拟实验区 RapidEye 影像（R：G：B 组合波段分别为 5：3：2，获取时间为
2013 年 7 月 30 日）**

3. HJ-1 卫星数据

根据研究区一的冬小麦物候特征，选用 2011 年 10 月 6 日（播种期）和 2012
年 4 月 16 日（拔节期）两期环境 1 号卫星影像数据（像元分辨率 30 m），质量较
好，无云（见图 3-4）。影像由 4 个波段组成，分别为：蓝光波段（0.43～0.52 μm）、
绿光波段（0.52～0.60 μm）、红光波段（0.63～0.69 μm）、近红外波段（0.76～
0.9 μm）。

(a) 获取时间为 2011 年 10 月 6 日　　　　　(b) 获取时间为 2012 年 4 月 16 日

亮裸地　　暗裸地　　植被 1　　植被 2　　水体

图 3-4　HJ-1 数据说明（R：G：B 组合波段分别为 4：3：2）

4. Landsat 8 OLI 影像

根据研究区二的玉米、水稻物候特征（见表 3-4），选用 2013 年 5 月 23 日（玉米为出苗期，水稻为移栽期）和 2013 年 7 月 26 日（玉米为抽雄期，水稻为抽穗期）两期 Landsat 8 OLI 卫星影像进行研究（见图 3-5），影像覆盖范围为 78 km× 152 km。Landsat 8 OLI 由蓝色波段到短波红外波段共计 9 个波段组成，像元分辨率为 30 m（全色波段为 15 m），采用与 Landsat 5 TM 相同波段（去除热红外波段）。

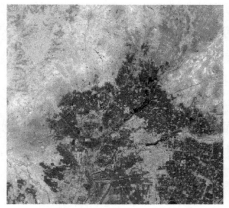 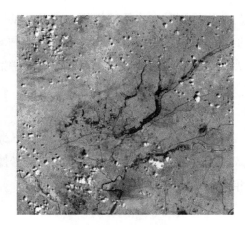

（a）获取时间为 2013 年 5 月 23 日　　　　　　（b）获取时间为 2013 年 7 月 26 日

图 3-5　Landsat 8 OLI 数据说明（R∶G∶B 组合波段分别为 6∶4∶3）

表 3-4　辽宁省一季稻、春玉米、大豆物候特征表

月份	4			5			6			7			8			9			10		
旬	上	中	下	上	中	下	上	中	下	上	中	下	上	中	下	上	中	下	上	中	下
一季稻		播种期	出苗期		三叶期	移栽期	返青期	分蘖期	拔节期	孕穗期			抽穗期		乳熟期	成熟期					
春玉米					播种期	出苗期		拔节期			抽雄期	开花期	吐丝期			成熟期					
大豆					萌发期	幼苗期		花芽分化期	开花期				结荚鼓粒期			成熟期					

3.2.2 遥感影像标准化预处理

1. 辐射校正

已有的研究表明，考虑到图像的取值与影像的表观反射率成线性关系，可以直接忽略大气对监测的影响，直接利用图像灰度值计算。其中，考虑到 Landsat 系列数据大气校正技术比较成熟，采用暗目标法进行大气校正。由于本书研究的是变化检测对农作物的识别，涉及两期影像间的光谱变化，且实验数据都经过初步辐射校正，因此可采用一次线性回归对两期影像进行相对辐射校正，以减少因大气、土壤等因素等外部条件引起的辐射差异[80]。

2. 几何校正

1）QuickBird 数据

QuickBird 数据，以野外实测 GPS 地面控制点对其中一幅影像进行二次多项式几何校正，然后再以该影像为基准影像对另一期 QuickBird 影像进行几何校正，相对误差为 0.5 个像元内。

2）RapidEye 数据

RapidEye 数据，以 2010 年航片数据作为底图，配合地面实测控制点，采用二次多项式进行校正，误差为 0.5 个像元内。

3）HJ-1 卫星数据

HJ-1 卫星数据，以 2010 年高分辨率的航片数据为参考影像（高斯克吕格投影，坐标系为北京 54），利用二次多项式和双线性内插法，对其中一期 HJ-1 影像进行精校正，经重新选点检验，确定误差在 1 个像元内。进一步以该 HJ-1 期影像为基准影像，对另一期影像进行几何校正，相对配准误差控制在 0.5 个像元内。

4）Landsat 8 OLI 影像

Landsat 8 OLI 数据直接在 USGS EarthExplorer 下载（http://earthexplorer.usgs.gov/），该数据已经经过精校正，可以直接使用。此外，研究区五中的航片数据，通过野外采集获取的 GPS 控制点进行校正，保证航片数据的定位精度。

上述五个研究区的数据都统一转投影到 Albers 投影，WGS84 坐标，两条标准的纬线分别定义为北纬 25°，47°。

3. **遥感数据模拟**

对于研究区一、二开展冬小麦的 SHCD 识别，两个地区的数据的获取时间对应着冬小麦的生长期（分别为 4 月 23 日、5 月 2 日）。从已有 QuickBird 影像（图 3-2）可以看出，两个研究区内地物包含亮植被、暗植被、裸地、城镇、水体。根据变化检测识别农作物的模型原理和冬小麦物候特征，进行播种期（即 2005 年 10 月）遥感影像模拟，设定以下模拟规则。

（1）由于时间跨度较短，该时间段内假定水体、城镇、树（暗植被）所在土地范围内不发生强烈的土地覆盖变化，因此将拔节期遥感影像的对应光谱特征直接继承到播种期遥感影像中，考虑到图像在时间尺度上会有一定的波动，因此对该几个类型区域内加入 10%的波动。

（2）对于冬小麦来说，从播种期到拔节期的土地覆盖变化方向为裸地→植被，因此将拔节期显示为冬小麦的区域在播种期影像模拟过程中取值为裸地的光谱信息。

（3）拔节期显示为裸地的区域有一部分为休耕地，这部分区域在播种期可能有一部分种植蔬菜或其他植被，因此提取拔节期一定比例（如 10%）的裸地被赋值为植被的光谱信息，以表示在播种期对应的植被。

对于研究区三开展 SHCD 的玉米识别，RapidEye 数据的获取时间为 7 月 26 日，对应该区域内的玉米吐丝期，该时期的植被包括蔬菜/大豆、树和草地。模拟玉米播种期的光谱原则与上面的冬小麦相仿，不同之处为该时期有蔬菜/大豆，对应的玉米播种期也设定为裸地。草地和树等同期植被直接继承 7 月 26 日光谱，光谱随机波动 10%。

根据上述原则，先对农作物生长期的影像进行分类（每一类地物均数字化工作量过大），对分类结果目视修正明显的错误，对于目标农作物（冬小麦、玉米）直接继承真值结果。然后，根据上面的原则分别针对其他几类地物进行光谱的替代。比如，针对冬小麦，第二期影像分类成为休耕地的，则从中选出 10%调整为植被（考虑到在小麦的播种期会有其他农作物）。基于此，模拟出遥感农作物的第一个关键期——播种期的影像。这样，就可以构造出多时相遥感影像，进行 SHCD 农作物检测识别。

从图 3-6 所示的模拟影像图中可以看出，两幅影像地物类型包括植被、水体、植被、城镇。与原始影像相比，水体、城镇、树（暗红色）区域未发生变化，部分原先为裸地的区域替换成植被，冬小麦（亮红色）区域已由裸地光谱信息进行替换，符合该区域物候特征变化。影像模拟过程中光谱信息变换是以像元为基础进行的，因此在将植被信息替换成裸地信息后结果呈现规则马赛克纹理。整体来看达到了模拟要求，符合区域随时间变化的地物光谱特征及目标农作物物候特征。

(a) 夏粮破碎种植模拟实验区模拟影像（QuickBird 模拟 数据，R：G：B 组合波段分别为 4：3：2）   (b) 夏粮规整种植模拟实验区模拟影像（QuickBird 模拟 数据，R：G：B 组合波段分别为 4：3：2）

(c) 秋粮 RapidEye 模拟数据（R：G：B 组合波段分别为 5：3：2）

图 3-6　模拟数据说明

3.2.3　检验真值提取

利用高分底图数据，结合野外数据，数字化获取各研究区内目标农作物的真值数据，用于 SHCD 方法的精度评价。表 3–5 所示为 5 个研究区内的农作物真值子区的结果。

表 3–5　研究区真值获取

研究区	获取方式	子区图
一	以 QuickBird 数据为底图，结合野外数据，解译数字化获得冬小麦真值（黄色框表示）	
二	同研究区一获取方式一样	

研究区	获取方式	子区图
三	以 RupidEye 数据为底图，结合野外数据，数字化玉米真值（黄色框表示）	
四	以航片数据为底图，结合两期 HJ-1 影像数据，进行地块级别的数字化（红色框表示）	
五	通过 2013 年 7 月利用野外获取无人机影像（分辨率优于 10 cm），目视解译秋粮（玉米、水稻）农作物	

4 农作物软、硬变化区的划分

在多时相遥感影像上，由于遥感像元分辨率的原因，纯净、混合像元的存在，导致农作物在短时间内产生硬变化、软变化状态，这种共存现象是利用遥感技术进行农作物变化检测普遍存在的问题，这也是提出 SHCD 方法进行农作物检测的基础。充分考虑遥感的这一特性，提出软、硬变化区域，针对不同的区域采用软、硬不同的识别方法，进行农作物的检测，提高识别精度。

通过多期的遥感影像划分出软、硬农作物变化区域，是进一步进行农作物遥感检测的基础。为验证 PGCM 方法划分农作物 HCR、SCR 的适用性，本章开展了 3 个模拟实验进行分析探讨：选择地块复杂的大兴、地块规整的通州和地块规整的秋粮——玉米来开展实验，分析地块的景观特征和同期农作物等因素对 HCR、SCR、NCR 三个区域划分的影响。为了分析影像分辨率对识别结果的影响，按照聚合方式将原分辨率影像提取出不同尺度的影像[81]。

4.1 差值影像提取

根据地物的光谱特征[82]，将不同分辨率尺度的遥感影像进行差值处理。将 t_2、t_1 时期的光谱特征看作特征向量，两期影像之间进行差值处理，综合反映地物在不同时期的变化强度与方向。本章对研究区一、二、三不同尺度的遥感影像进行差值计算，得到不同时期影像之间的差值向量。差值影像能够直接体现出地物在不同时期的变化信息，但容易受遥感数据成图质量、波谱特征不同等客观条件的影响，如植被生长季相、耕地耕作状态不同会造成无变化地块地物波谱特征出现差别。

图 4-1 和图 4-2 展示了研究区一、二的差值影像。对冬小麦区域和部分休耕地进行模拟，只有这两类地物的光谱变化比较强烈，而其他地物的光谱变化较小，形成鲜明的对比。对于冬小麦，在两期影像中分别表现为裸地和冬小麦光谱，在 4，3，2 波段组后，差值影像上仍然呈现红色的光谱信息。对于 4 月的休耕地存在两种土地覆盖类型的转化，一部分为两期均为裸地，光谱差异不明显；另一部分是由农作物转化为休耕地，因此近红波段呈下降趋势而红光波段呈上升趋势。由于该实验区内冬小麦地块较为规整，大部分冬小麦为纯净像元，这些像元比混合冬小麦像元存在更加明显的光谱差异，为软硬变化监测冬小麦提供了基础。

图 4-1 反映了研究区一不同尺度的差值影像。该地区地块破碎非常典型，通过子区影像可以看出，随着尺度的不断变粗，由混合像元产生的软变化区逐渐增多，并且越来越明显。

分辨率　　　差值影像　　　　　　　　　　　　　　子区影像

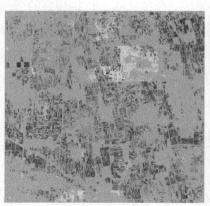 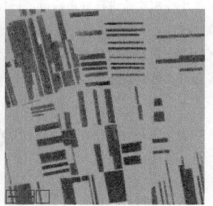

5 m

图 4-1　研究区一不同尺度的差值影像与子区影像（R，G，B=4，3，2）

分辨率　　　差值影像　　　　　　　　　　　　子区影像

10 m

20 m

30 m

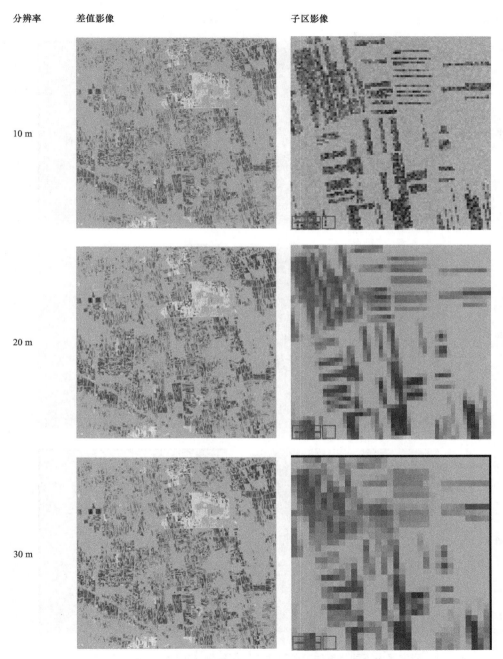

图 4-1　研究区一不同尺度的差值影像与子区影像（R，G，B=4，3，2）（续）

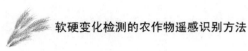

分辨率	差值影像	子区影像
40 m		
50 m		
60 m		

图 4-1　研究区一不同尺度的差值影像与子区影像（R，G，B=4，3，2）（续）

图 4-2 反映了研究区二不同尺度的差值影像,可以看出该研究区与研究区一之间的差别比较明显。由于地块的尺度比较大和像元尺度的增大,逐步生成 SCR区域,这种软变化区的生成多是位于农作物地块的边缘或者农作物地块之间,这种 SCR 区的形成在整体的农业景观中所占比例要低于规整的冬小麦地块。

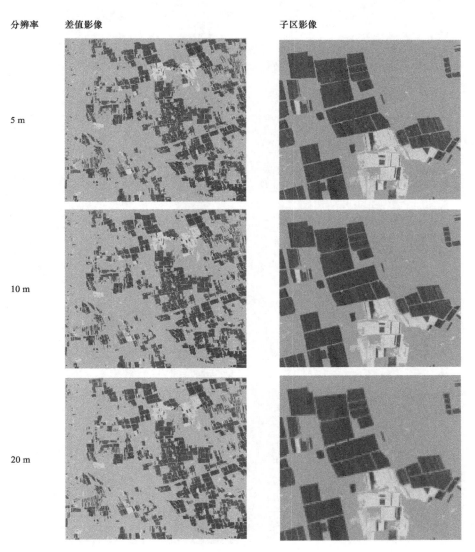

图 4-2　研究区二不同尺度的差值影像与子区影像(**R,G,B=4,3,2**)

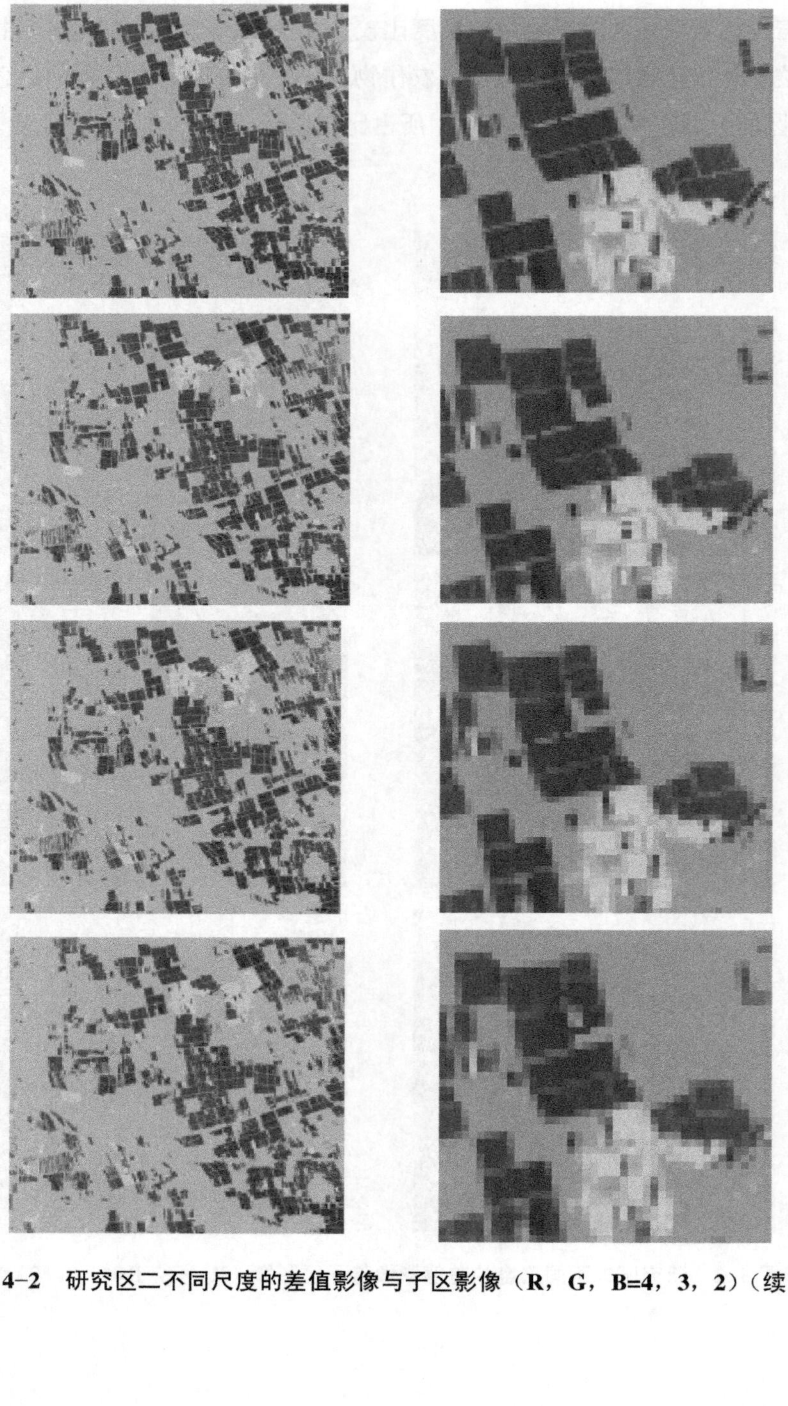

分辨率　　　　差值影像　　　　　　　　　　　　　　子区影像

30 m

40 m

50 m

60 m

图4-2　研究区二不同尺度的差值影像与子区影像（**R，G，B=4，3，2**）（续）

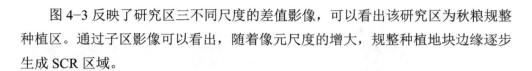

图 4-3 反映了研究区三不同尺度的差值影像，可以看出该研究区为秋粮规整种植区。通过子区影像可以看出，随着像元尺度的增大，规整种植地块边缘逐步生成 SCR 区域。

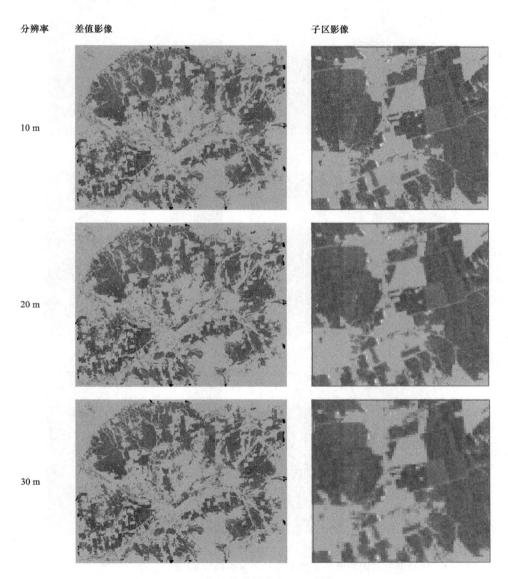

图 4-3　研究区三不同尺度的差值影像与子区影像（**R，G，B=5，3，2**）

分辨率   差值影像   子区影像

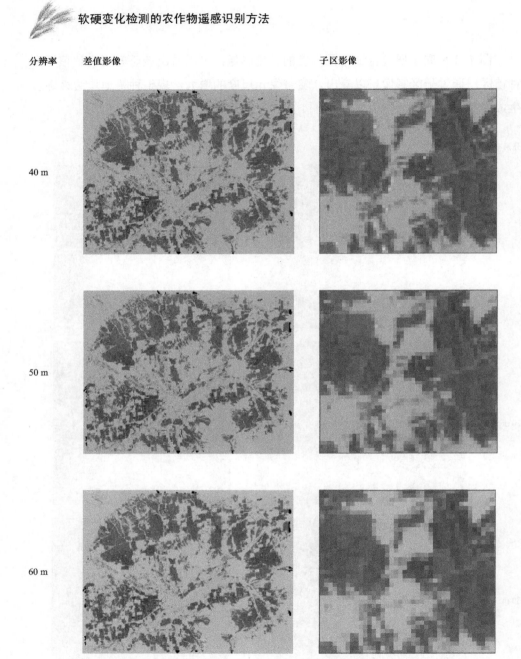

40 m

50 m

60 m

图 4-3 研究区三不同尺度的差值影像与子区影像（R，G，B=5，3，2）（续）

4.2　剖线的选取

2.3.3 节详细阐述了 PGCM 方法的实现。本次开展的实验，需要在图上选择不低于 30 个耕地地块，从地块中心出发向外绘制成相应的剖线，则通过 PGCM 方法自动构造出混合像元集合。剖线选择要从大的耕地地块向周边绘制，从而形成典型耕地地块内部向外过渡的混合像元。由于农作物地块多为东西和南北方向，因此剖线方向也要求为东西、南北方向，避免剖线任意方向穿越地块。将剖线输入到不同尺度的变化强度影像上，划分 HCR、SCR、NCR。

4.3　结果分析

4.3.1　夏粮 HCR、SCR 提取

1. 大兴研究区识别结果分析

大兴研究区耕地地块破碎，在多期遥感影像上形成 SCR 混合像元。在比较规整的地块上绘制剖线，提取出对应的灰度值。由于本书实验是针对冬小麦进行提取，只要在冬小麦地块上选取剖线，其他地物在此不予考虑。在规模比较大的地块内部向外绘制剖线，剖线在地块内部到外部要足够长，内外需要跨越 5 个以上的像元。图 4-4 表明了大兴研究区 HCR、SCR、NCR 的划分结果。

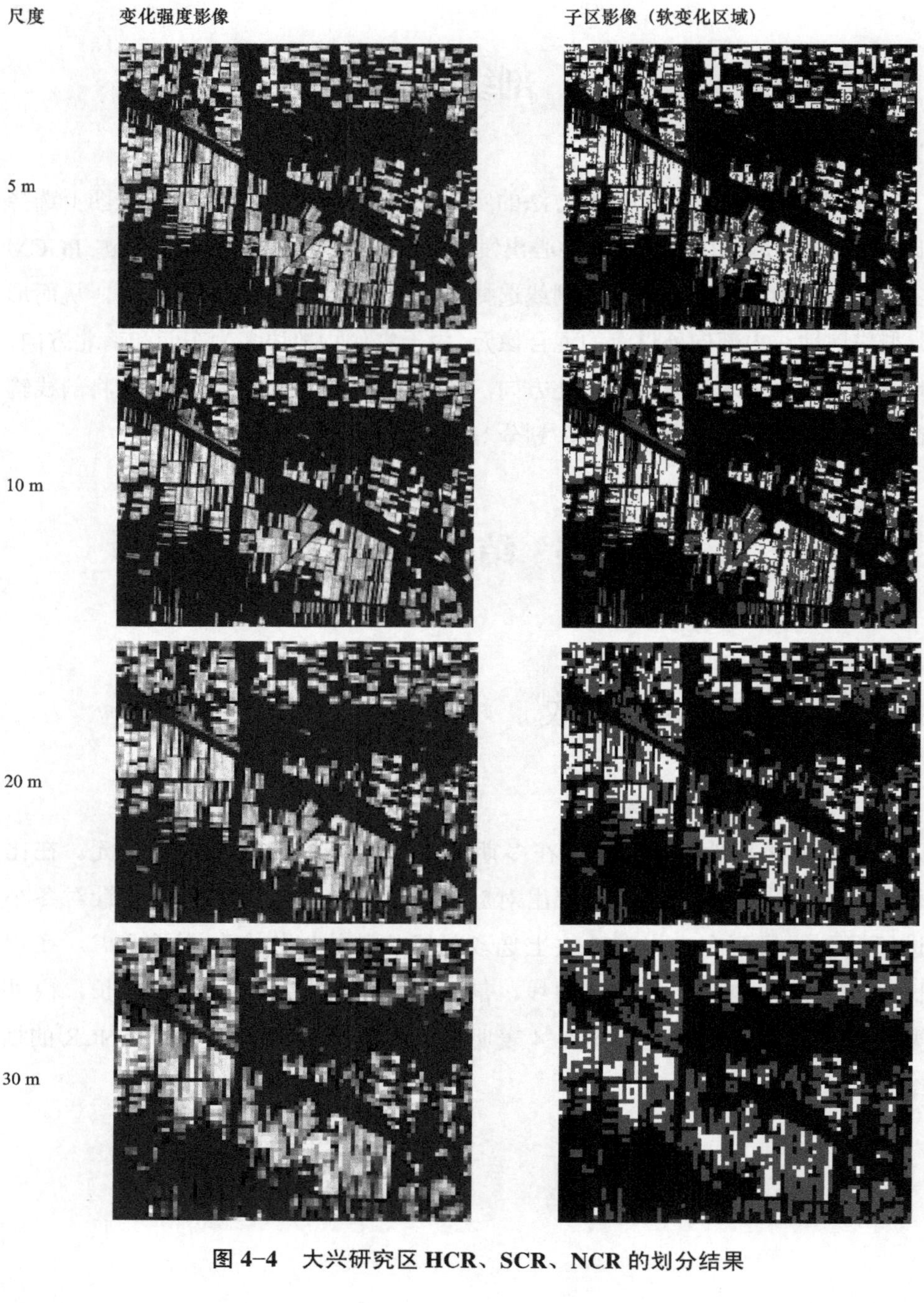

尺度   变化强度影像   子区影像（软变化区域）

5 m

10 m

20 m

30 m

图 4-4 大兴研究区 HCR、SCR、NCR 的划分结果

尺度　　　　变化强度影像　　　　　　　　　　　　　子区影像（软变化区域）

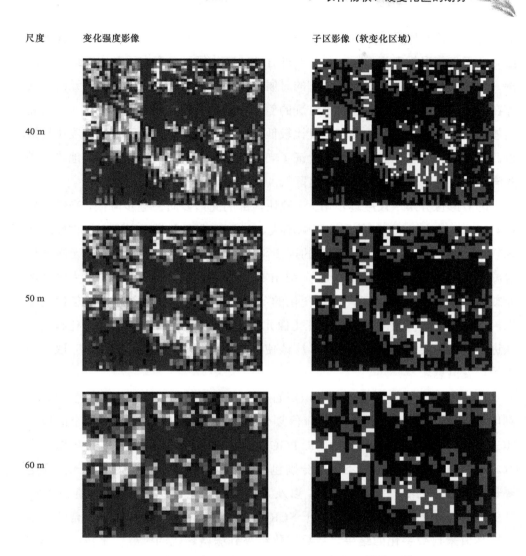

40 m

50 m

60 m

图 4-4　大兴研究区 HCR、SCR、NCR 的划分结果（续）

从图 4-4 可以看出，在各个不同的尺度，PGCM 都能识别出相对应尺度的软变化冬小麦像元。在较高分辨率尺度的时候，软变化像元主要分布在两个位置：地块的边缘和地块的内部。由于 5 m 分辨率的模拟影像由 2.4 m 的真实影像聚合生成，在小麦地块的边缘必然存在与其他地物（如道路、地块边缘裸地）组成的混合像元，这些像元的变化度高于非变化区域像元，但又低于纯净的小麦像元，因此易于识别出软变化像元。另外一部分的软变化像元多存在于冬小麦地块的内部，这是因为当影像分辨率比较高的时候，尽管冬小麦像元多以纯净像元的形式存在，但长势、环境因素或种植情况的差异导致冬小麦像元之间也存在一定的光谱差异，部分冬小麦像元的变化度比较低，与地块边界混合像元的变化度比较接近，也被划为软变化像元。这也验证了当影像分辨率增高的时候，由于地物光谱的异质性，会导致地物的识别精度降低。

随着影像分辨率尺度逐步增大，地块内部的光谱异质性逐步降低，光谱异质性对于 HCR、SCR 之间的划分影响不大。但是，由于大兴研究区农作物地块面积较小，地块破碎，随着分辨率的逐步降低，地块中的纯净冬小麦像元数量迅速减少，混合像元现象严重，到了 30 m 分辨率时，大部分冬小麦地块为混合像元或长势不好的小麦像元，而硬变化的冬小麦像元则很少。因此，在任何尺度上，PGCM 都能检测出相应的软变化像元，针对这些像元如果采用硬变化检测方法进行判别时会产生一定的误差，应该使用软变化检测方法进行识别，获取冬小麦的丰度信息。

表 4-1 为研究区一中 PCGM 识别的 SCR 像元个数。其中 HCR_真值、SCR_真值和 NCR_真值分别代表利用真值划分出的 HCR、SCR 和 NCR 三个区域，HCR_PGCM、SCR_PGCM 和 NCR_PGCM 代表通过 PGCM 得到的 SCR 像元个数。这个表说明了在三个不同区分别包含了 PGCM 划分出的 SCR 像元，这主要是由于光谱的不稳定性造成的，以及其他地物变化导致在 HCR_真值、NCR_真值两个区域的混入。但是，对于 SCR_真值定义 SCR 区，有些不太合适，主要是真值来自数字化的结果，从数字化结果到栅格转化的时候，是按照中心点来测算的，导致转化结果存在误差。同时，SCR_真值取值范围为 [0，1]，对于微小的冬小麦丰度，利用 PGCM 方法难以通过光谱强度体现出来。对于 HCR_真值、NCR_真值混入 SCR，这是 PGCM 方法的不足，这将进一步通过 CESVM 解决。

表 4-1 研究区一中 PCGM 识别的 SCR 像元个数   单位：个

尺度	HCR_真值	HCR_PGCM	SCR_真值	SCR_PGCM	NCR_真值	NCR_PGCM
5 m	747 820	320 476	331 624	146 826	2 984 523	119 222
10 m	150 178	64 303	157 422	77 188	707 384	34 647
20 m	23 540	8 971	69 868	37 163	160 592	9 539
30 m	6 499	779	41 150	4 954	65 238	8 010
40 m	2 355	667	27 536	13 250	33 609	2 151
50 m	985	270	19 674	9 330	19 941	1 336
60 m	438	100	14 794	6 719	12 991	852

2. 通州研究区识别结果分析

通州研究区地块规整，冬小麦呈规模种植，在遥感影像上不易形成混合像元。同样地，在规模比较大的农作物地块上绘制剖线，提取出对应的灰度值。剖线从地块内部向外绘制，剖线在地块内部到外部要足够长，内外都要跨越 5 个以上的像元。

从图 4-5 可以看出，在通州研究区，PGCM 方法也能识别出相对应尺度的软变化冬小麦像元。在较高分辨率尺度的时候，软变化像元依然主要分布在冬小麦地块的边缘和内部。然而，相比大兴研究区，通州研究区地块比较规整，地块面积较大，大部分地块内部的冬小麦像元的变化度较高，被判定为硬变化像元。在其他尺度上，通州研究区的软变化像元分布也与大兴研究区不同。随着分辨率降低，软变化像元主要分布在地块的边缘区域，很多地块内部的软变化像元逐渐消失，这是因为在高分辨率影像上的冬小麦像元之间的异质性由于聚合效应得到了降低，地块内部的冬小麦像元表现出一定均质性。但影像中仍然存在少部分主要由软变化像元组成的地块，在高分辨率时可以看出这些地块中的冬小麦像元整体长势不好或种植比较稀疏，即使聚合到较低分辨率时，这些冬小麦像元也依然为软变化像元，这也是该方法的不足之处。

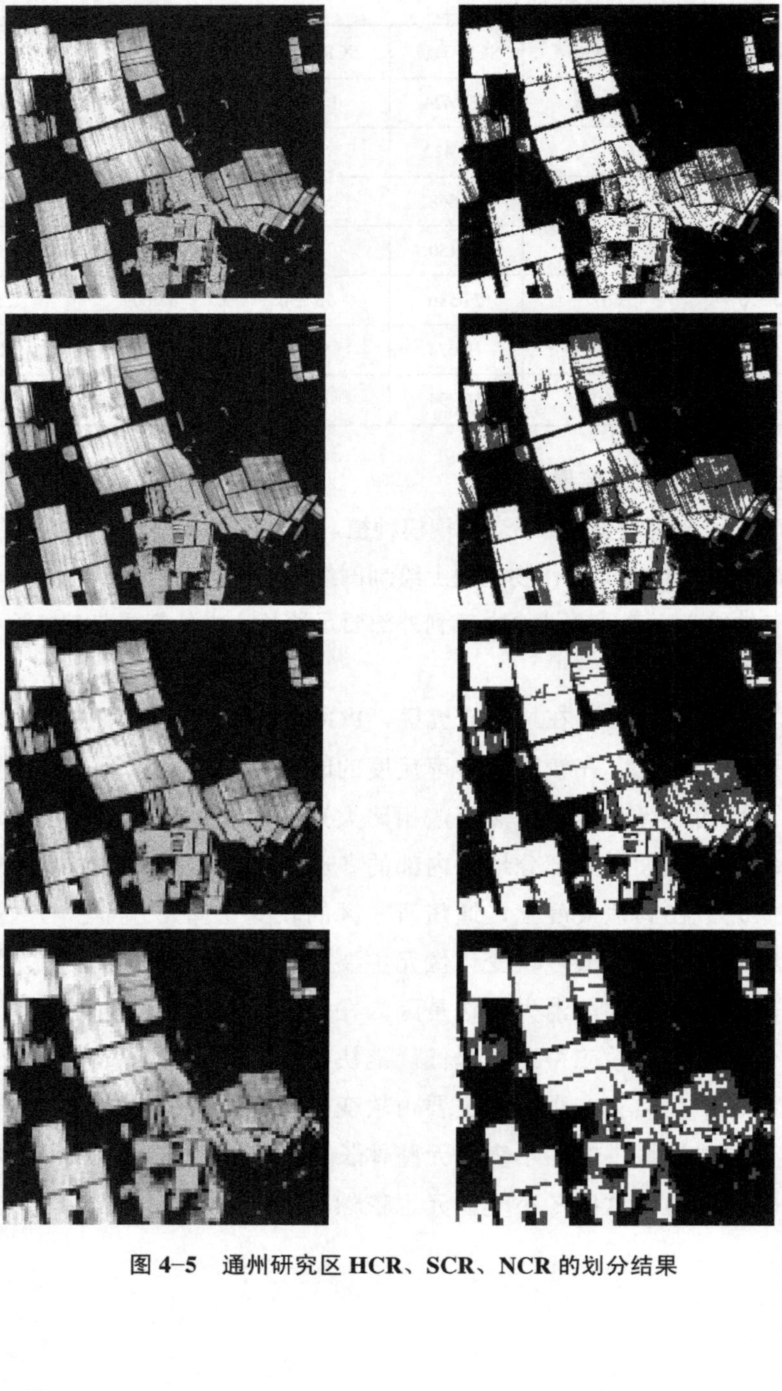

尺度   变化强度影像   子区影像（软变化区域）

5 m

10 m

20 m

30 m

图 4-5   通州研究区 HCR、SCR、NCR 的划分结果

尺度　　　变化强度影像　　　　　　　　　　　　子区影像（软变化区域）

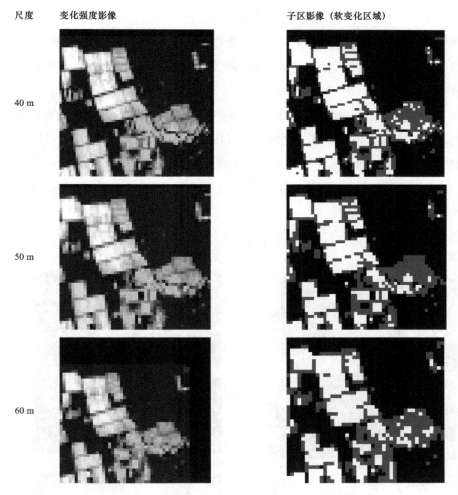

40 m

50 m

60 m

图 4-5　通州研究区 HCR、SCR、NCR 的划分结果（续）

同理，对于通州研究区内 HCR_真值、SCR_真值和 NCR_真值包含大量 PGCM 生成的 SCR 像元，在这里不再细述。

4.3.2　秋粮 HCR、SCR 提取

延庆研究区耕地地块与通州研究区相似，比较规整，但该区域存在同期农作

物，因此地块内部像元间的异质性也比较强，对软硬区域的划分会产生一定的影响。在规整地块上绘制剖线，提取出对应的变化强度值，识别出 HCR、SCR 和 NCR，结果如图 4-6 所示，包含了变化强度影像和对应的 HCR、SCR，其中灰色像元为软变化像元。

从图 4-6 可以看出，在 10～30 m 分辨率时，软变化像元依然主要分布在玉米地块的边缘和内部。内部的软变化像元包含两部分：玉米的软变化像元及同期农作物的像元。其中，同期农作物像元的变化强度与玉米 SCR 像元的变化强度比较接近，因此也被判定为软变化像元。与通州研究区面状分布的软变化像元不同，这些像元随机分布在地块中。

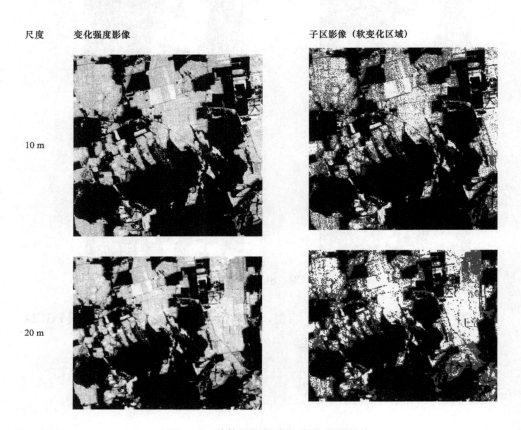

图 4-6　秋粮不同尺度软变化子区影像

尺度　　　　变化强度影像　　　　　　　　　　　　　子区影像（软变化区域）

30 m

40 m

50 m

60 m

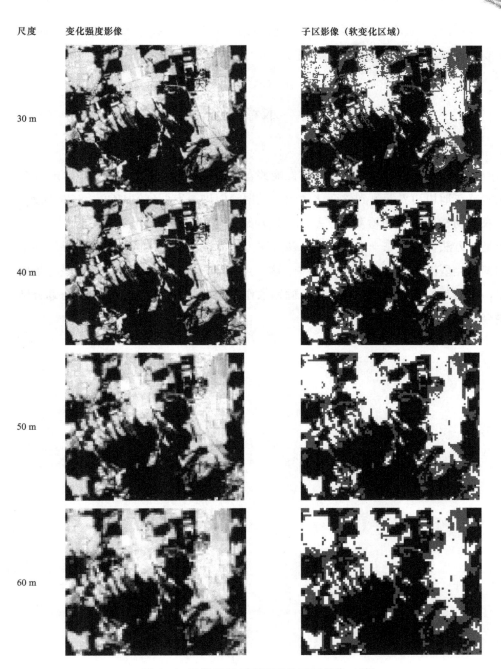

图 4-6　秋粮不同尺度软变化子区影像（续）

同理，对于延庆研究区内 HCR_真值、SCR_真值和 NCR_真值包含大量 PGCM 生成的 SCR 像元，在这里不再细述。

4.4　本章小结

从识别结果分析，变化强度影像能够有效描述农作物的变化情况，PGCM 方法能够在地块边界探测到软变化像元，根据阈值进一步划分出 HCR、SCR 像元，为农作物 SHCD 变化检测打下基础，识别结果与冬小麦空间分布结果保持一致。但是该方法仍然存在一定的问题，该方法无法解决转换方向的问题，会导致其他的变化类型混入到农作物 SCR 之中，这一点需要通过 CESVM 变化检测进一步确定，排除其他地物的影响。另外，同期农作物光谱与目标农作物相似，对划分结果会造成一定的影响。

5 基于 SHCD 的农作物
检测识别：模拟实验

根据 SHCD 农作物检测的框架，在利用 PGCM 方法划分出 HCR、SCR 的基础上，进一步针对 HCR、SCR 进行农作物的变化检测。HCR 采用 SVM 方法，SCR 采用 CESVM 方法。本章分别在研究区一、二、三采用模拟实验数据进行小麦、玉米实验，验证利用 SHCD 方法进行农作物识别的适用性。

5.1 物候特征分析

北京地区冬小麦生长周期从 10 月上旬开始，到下一年 6 月下旬结束，整个生长阶段包括播种、出苗、分蘖、越冬、返青、起身、拔节、灌浆和成熟（见表 3-1）。

北京地区冬小麦播种期为每年的 9 月下旬至 10 月上旬，光谱特征为裸地，除苜蓿外，该时段内同区域的主要农作物如春玉米、夏玉米、春大豆处于收获阶段，棉花处于裂铃和收获阶段，可从光谱上与多数同期农作物进行区分，但难以与休耕地进行区分。冬小麦拔节期为第二年的 4 月中旬至下旬，该阶段内冬小麦植被特征明显增多，而同期其他农作物植被特征不明显（如春玉米、夏玉米、春大豆处于休耕期，棉花处于播种期，苜蓿处于分枝期），难以与同期的蔬菜、植被（如草地）区别。综合来看，冬小麦拔节期与播种期的光谱特征差异（从裸地到植被的差异）较其他地物和同期农作物相比较为明显。因此，对于冬小麦而言，拔节期和播种期是影像选择的最佳时期。

同样，对于春玉米的识别，延庆的玉米 5 月为出苗阶段，7 月为吐丝阶段，影像光谱从裸地变化为植被，这一时期的自然植被（如树）仍然是绿色植被的信息，未发生变化，可以有效与玉米区分开。

5.2 地块破碎地区农作物识别模拟实验

5.2.1 光谱特征分析

从图 4-1 上可以看出，由于模拟图像只是针对冬小麦区域和部分的休耕地进行模拟，因此这两个部分的光谱信息发生比较强烈的变化，在两种地物以外，其他地物（水体、建筑物）的差值光谱的变化不是很大。对于冬小麦而言，在两个不同的物候期，分别从裸地光谱转变成冬小麦光谱，冬小麦区域在近红波段光谱的变化剧烈，因此 4，3，2 波段组合后，差值影像上呈现红色的光谱信息；对于 4 月休耕地而言，包括两部分土地覆盖类型的转化，一部分是两个时期均为裸地，另一部分是从农作物（如玉米、蔬菜等）转化为耕地，在近红波段呈现下降的趋势，红光波段从植被到裸地呈现出上升趋势，这时农作物（如玉米、蔬菜等）呈现亮银白色的光谱信息。通过差值影像的光谱曲线（见图 5-1）可以看到与上述分析相对应的特征。通过分析两个时期的图像，可以发现冬小麦的光谱特征整体上与其他地物有着明显的区别。因此，能够通过地物光谱向量之差反映出地物的丰度特征。分析 HCR 冬小麦（地块内部）的光谱特征和SCR 冬小麦（地块边缘）的光谱特征，明显可以看出，纯净的冬小麦差值光谱呈现出的光谱在不同的时期表现更加明显，纯净冬小麦光谱信息在红光波段的差值为负值，而且比混合冬小麦的光谱信息要更低，这主要是因为 SCR 像元内的冬小麦光谱含有裸地（冬小麦地块周边多休耕地，呈现裸地的光谱特征）的光谱信息，从而增强了不同时期红光波段的反射率；对于近红波段而言，情况是相反的，由于在 HCR 内包含全部的冬小麦，呈现出典型的植被光谱特征，因此相对于混合的冬小麦像元近红波段呈现比较高的正值。正是这种光谱特征的变化，成为利用软硬变化检测识别冬小麦的基础。

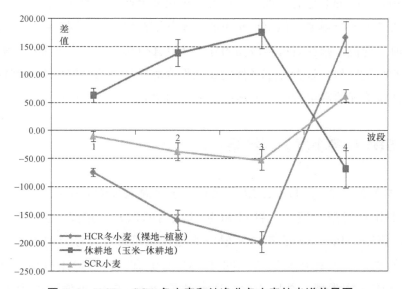

图 5-1 HCR、SCR 冬小麦和纯净非冬小麦的光谱差异图

5.2.2 变化样本选择

针对差值后的遥感影像准确地选择出样本是进行软硬变化检测准确提取冬小麦的关键。由于研究目标为冬小麦，模拟图像主要是突出了冬小麦和部分休耕地的光谱信息，参照两期的遥感影像，从差值影像上选择出样本。为了保证在不同尺度上（5 m，10 m，20 m，30 m，40 m，50 m，60 m）均能够开展实验，在原始 2.4 m QB 影像选择样本的时候尽量选择地块规整、尺寸比较大

的地块为样本，这样样本通过聚合能够应用到其他的尺度。根据 t_2 时期来确定识别体系，针对三种地物［冬小麦、休耕地和未变化地物（城镇、水体等）］光谱特征进行样本的选择。

样本数量也是影响识别结果的一个关键要素。已有研究表明，样本量要超过（10～30）p（p 代表输入影像的波段数量）。在 2.5m 遥感影像上提取出的样本量要足够大（每一类样本均超过 10 000 个）。针对不同尺度（5 m，10 m，20 m，30 m，40 m，50 m，60 m）遥感影像，对在 2.4 m 尺度上选择出的样本分别进行聚合分析，即从 2.4 m 分辨率影像上识别出的样本分别升尺度到不同分辨率中，每一个像元求取平均值，则针对每类地物的样本计算其覆盖丰度，当重采样后的像元丰度大于 50% 的时候，以覆盖该条件的像元作为对应尺度的分类样本。这也是地物识别的样本选择的常用方法，上述样本之间的 JM 距离均大于 1.95。

5.2.3 SHCD 冬小麦识别结果

针对第 3 章划分出的 HCR、SCR，分别输入 SVM 样本，识别出 HCR 区域的农作物类型；然后，针对 SCR 区域内的像元，按照 2.3.4 节中提出的 CESVM 原则，以 1×1 的窗口开展向周边搜索不低于 2 类 HCR 像元，确定该像元的类型，并计算与其相关的 SVM 输出概率，当输出概率＞10% 的时候，保留该地物类型，否则去除。通过结果分析，SCR 搜索到的像元 90% 以上是冬小麦与周边 NCR 类型的混合，这主要是由于冬小麦多与裸地等背景地物混合在一起。

将原始的遥感数据按照 LibSVM-3.11 格式进行标准化格式处理，并将训练样本集和分类总体分别拉伸到 [-1, 1]，改造 LibSVM-3.11 程序输出估计值，计算出不同分辨率尺度（5 m，10 m，20 m，30 m，40 m，50 m，60 m）情况下冬小麦的识别结果。为与传统的变化检测方法进行比较，分别按照同样的样本进行 HCD、SCD 变化检测（具体设置见 2.4.1 节），识别结果如图 5-2 所示。

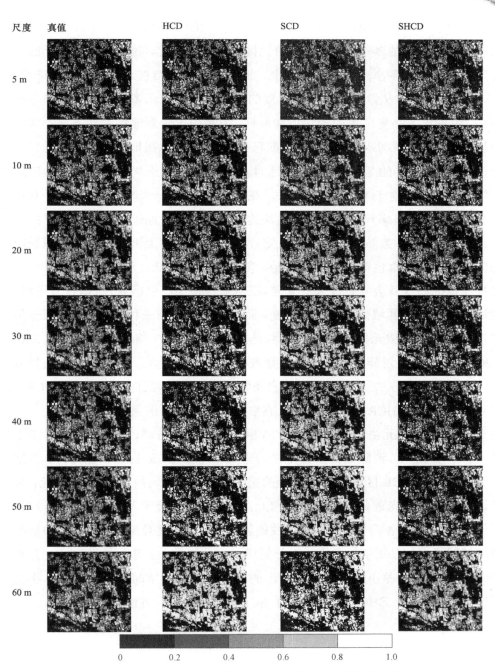

图 5-2 不同尺度三种变化检测方法的冬小麦识别结果

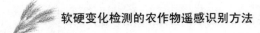

由图 5-2 可以看出，在各个不同的尺度，HCD、SCD 和 SHCD 都能够识别出相对应尺度的冬小麦。由于该研究区地块比较破碎，随着分辨率尺度的不断降低，纯净的冬小麦地块逐渐减少，混合地块逐渐增加。从目视效果来看，对于 SCD 检测方法，在低分辨率尺度的时候，由于像元多以纯净像元的形式存在，识别出冬小麦地块的形状依稀可见，但是由于受到地块内部光谱不确定性影响，纯净的冬小麦像元精度要低于 100%，同时，在地块外部背景地区，会识别出 0~20% 的冬小麦丰度，这是因为 SCD 方法对于光谱不确定性响应过于敏感造成的。对于 HCD 检测方法，在不同尺度上每一个识别结果都是 0 或 1 取值，在高分辨率尺度上，由于地块比较规整，虽然地块内部存在光谱的不稳定性，但 HCD 方法由于阈值的设定，可在一定程度上消除其影响，识别出的冬小麦结果与真值高度相似。但是，随着分辨率降低，混合像元现象严重，这种二值的归属就会导致较大的误差，在规模种植冬小麦区域，一些含有道路、地块边缘裸地的区域被划分成冬小麦，而在稀疏的冬小麦种植区域，在低分辨率情况下，混合像元比较严重，冬小麦丰度低，SHCD 冬小麦识别结果易将 PGCM 识别结果划分为非冬小麦，导致细小地物的混入。相对于上面两种方法，SHCD 检测方法通过 PGCM 将农作物区域划分为两部分：HCR 和 SCR。直观上来看，在 HCR 区域，SHCD 方法将直接把识别结果划分为冬小麦，一些混入的 HCR 像元由于在这个阶段 SVM 分类考虑到方向，可以排除混入 HCR 的非冬小麦像元，消除光谱不确定性的影响；对于 SCR 区域，CESVM 方法能够搜索周边 HCR 区域并确定端元的类型，尤其在地块内部的 SCR 像元，可通过空间特征和光谱归属概率确定端元，一些不相关端元可以被排除掉，这也在一定程度上消除了光谱的不确定性的影响。随着尺度升高，混合像元的情况越来越明显，大部分冬小麦像元被分解成一定的丰度，少部分的像元被划分成 100% 丰度的纯净冬小麦像元，识别出的冬小麦结果从空间分布与真值冬小麦的结果更为一致，SHCD 方法综合了 SCD 和 HCD 两种方法各自的优势。

5.2.4 对比分析和讨论

1. 精度评价

利用冬小麦的真值数据，检验不同尺度 SHCD、HCD 和 SCD 三种变化检测方法识别出的冬小麦结果，如图 5-3 所示。

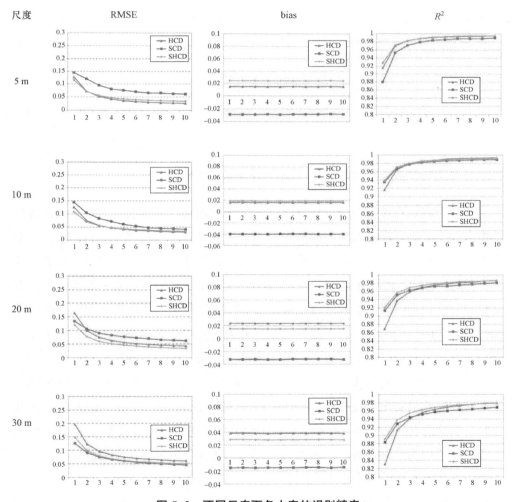

图 5-3 不同尺度下冬小麦的识别精度

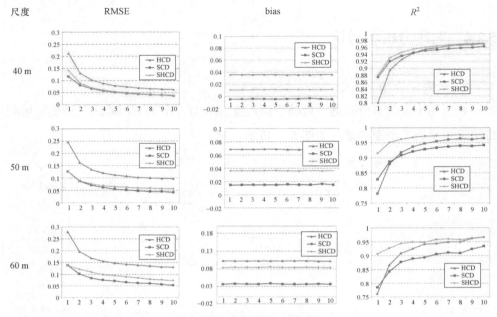

图 5-3 不同尺度下冬小麦的识别精度（续）

整体而言，在不同分辨率情况下，冬小麦的识别结果均表现出随着评价窗口的增大，RMSE 逐渐降低，R^2 逐渐升高。这主要是由于窗口越大，窗口内部冬小麦的识别结果错入、错出，一定程度上消除了识别结果的误差，这与已有的研究结果保持一致[3]。RMSE 本身反映出像元尺度上识别出的冬小麦，能够一定程度上代表检测识别结果的像元精度。SHCD 方法识别结果在不同像元尺度上的分类都保持较高的识别精度。在不同像元分辨率尺度上，在 1×1 窗口的时候，RMSE 均小于 0.15，较 HCD 和 SCD 方法有着明显的优势。随着检验窗口尺度的增大，SCD 方法 RMSE 有时候要低于 SHCD 方法，这主要是因为随着影像分辨率的降低，该地区的农业景观地块破碎，多形成面状的 SCR 区域，不同于线状的 SCR 区域像元，在搜索端元的时候，可能会丢失一部分端元的输入，导致 SCR 区域内夸大了冬小麦的识别结果。对于 bias 而言，反映出整体区域内冬小麦遥感检测结果的区域精度，在不同分辨率影像尺度上，三种方法的表现不尽相同。SHCD 方法区域总量精度只有在 20 m 分辨率时表现得较有优势，总体精度偏高，低于 0.02。在其他尺度上，一般是在高分辨率尺度上，HCD 方法更有优势，在低分辨率尺度上，SCD 方法更有优势，而 SHCD 方法一般处于二者之间。R^2 在三种方法中均表现出比较明显的趋势，在 1×1 窗口下，只有在 30 m、40 m 影像的时候，R^2 取值低于 0.9，其余情况下 R^2 取值均高于 0.9 以上。随着评价窗口的增大，R^2 逐渐升高，表明 SHCD 检测冬小麦结果与真值之间有着很高的相关性和稳定性。

2. 像元尺度对检测结果的影响分析

从表 5-1 中可以初步发现，三种方法在检测冬小麦的过程中，识别精度受到了分辨率的影响。对于用于变化检测的遥感影像而言，随着分辨率的降低，纯净的冬小麦像元在逐渐减少，混合像元逐渐增加。表 5-1 反映了在不同像元分辨率下，纯净、混合冬小麦像元数量的关系，其中"纯/混"代表纯净冬小麦像元与混合冬小麦像元之间的比值。

表 5-1　不同像元分辨率下纯净、混合冬小麦像元的数量

分辨率	纯净冬小麦像元（a）	混合冬小麦像元（b）	非冬小麦像元	R=纯/混（a/b）
5 m	1 097 969	186 657	2 719 350	5.88
10 m	253 048	88 328	659 618	2.86
20 m	53 908	39 115	156 976	1.38
30 m	20 567	23 310	67 345	0.88
40 m	9 819	16 456	36 224	0.60
50 m	5 389	12 361	22 450	0.44
60 m	3 351	9 330	15 041	0.36

为直观表达，图 5-4 表明了在不同分辨率情况下，纯净、混合冬小麦像元的比例情况（通过真值确定纯净/混合像元之比）。显然，随着分辨率的降低，纯净冬小麦像元大量转化为混合冬小麦像元，分辨率为 10 m 时候，二者持平，然后迅速降低：30 m 分辨率以后，纯净冬小麦像元已经降低到 10 000 个以后；60 m 分辨率的时候，纯净冬小麦像元只有 388 个，在整个图像上占有率非常低，主要是以 SCR 像元为主。从整个冬小麦种植景观分析，纯净冬小麦像元随着分辨率降低而下降得如此迅速，主要是因为该地区冬小麦地块破碎，在粗分辨率影像上易于

呈现混合像元。如在 30 m 分辨率影像中，一个 30 m×30 m 像元相当于 1.35 亩耕地，但是由于该地区冬小麦地块过小，甚至很多地块小于 1 亩，从而导致在粗分辨率影像上产生混合冬小麦像元。

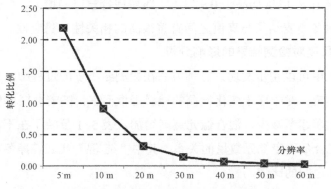

图 5-4 破碎地区纯净、混合冬小麦像元转化情况

分辨率的降低导致纯净、混合冬小麦像元之间的转化，由于混合像元的影响，三种方法对冬小麦的识别能力产生变化。图 5-5 表明了利用 SHCD、HCD 和 SCD 方法检测冬小麦在 1×1 窗口下的评价结果。从像元识别结果的精度来看，在用 SHCD 方法检测冬小麦的结果中 RMSE 都比较高，SHCD 的范围为 [0.11，0.15]，低于 HCD 方法（[0.13，0.28]）和 SCD 方法（[0.12，0.14]），在不同分辨率尺度下，RMSE 一致呈稳定的态势，一般都低于 0.15，不易受分辨率的影响。用 HCD 方法检测冬小麦在分辨率为 5 m 的时候，RMSE 为 0.13，精度很高，但随着分辨率的逐渐降低，RMSE 越来越大，甚至在分辨率为 60 m 的时候，RMSE 高达 0.28，远低于 SHCD 方法和 SCD 方法。SCD 方法的表现正好与 HCD 方法检测冬小麦的结果相反。在高分辨率的时候，如 5 m，RMSE 取值为 0.17，其值随着分辨率的降低而增高，精度呈升高的趋势，当分辨率超过 30 m 的时候，SCD 方法的识别结果超过 HCD 方法。在这一尺度之后，与 SHCD 方法检测出的冬小麦 RMSE 基本持平，偶尔还会优于 SHCD 方法。结合 bias 可以分析得出，用 SHCD 方法和 HCD 方法识别出的冬小麦区域总量是有偏差的，而且随着尺度的增大正向偏差不断增大，但 SHCD 方法变化趋势从 40 m 分辨率之后由负向偏差转为正向偏差。

当分辨率为 10 m 时，$R^2=0.9$，纯净冬小麦、混合冬小麦的数量相当，此时二者的 RMSE 相差无几（HCD 方法的 RMSE=0.13，SCD 方法的 RMSE=0.14），用 SHCD 方法识别的冬小麦 RMSE 略高一点；当分辨率达到 20 m 之后，纯净冬小麦像元/混合冬小麦像元比例为 0.31，整个区域内混合冬小麦像元已经占主体，远超纯净像元的数量，在这个分辨率尺度下，SCD 方法（RMSE=0.13）的识别精度要明显高于 HCD 方法（RMSE=0.16）。从分辨率变化对精度的影响来看，在冬小麦种植地块破碎的景观特征下，对于 10 m 及更高分辨率，适合采用 HCD 方法进行冬小麦遥感检测识别；在 10 m 以下粗分辨率，采用 SCD 方法进行冬小麦的识别较 HCD 方法更有优势。反观 SHCD 方法，较 HCD、SCD 方法的优势表现明显，没有因为分辨率的增大导致纯净、混合冬小麦像元之间的变化而对冬小麦遥感检测的精度产生重大的影响。分析原因主要有两个方面：其一，由于像元的尺度增大，造成 SCR 区域混合像元逐渐增多，在粗分辨率的时候，SCR 像元占主体；其二，光谱的不确定性增大，由于同一地物光谱之间存在异质性，分辨率尺度增大，导致光谱的不确定性增加。基于以上两个原因，以 10 m 为分界点，在更高分辨率尺度的影像中，HCR 冬小麦像元相当或多于 SCR 像元，HCD 方法能够有效地将纯净的冬小麦像元进行准确识别，从而保证区域内整体的分类精度；而对于 SCD 方法，由于同一类冬小麦光谱也存在不确定性，不是均质的，这是遥感技术进行土地覆盖检测不可回避的问题[23]，因此即使采用 SCD 方法进行冬小麦丰度的测算，虽然支撑向量机较 linear 能够在一定程度上消除光谱的异质性[67]，但是对于 HCR 冬小麦像元难以保证识别出的结果丰度为 100%。从 10 m 分辨率之后，混合像元在整个区域内所占的比例逐渐增高，HCD 方法面临混合像元不可回避的问题，误差逐渐增大，而 SCD 方法可以发挥其优势。对于 SHCD 方法，基本不受冬小麦景观特征的影响，在小于 10 m 分辨率的时候，针对 HCR 冬小麦区域吸收 HCD 方法的优势，将纯净像元检测为冬小麦，对于 SCR 冬小麦区域，继承 SCD 方法的优势，混合像元被分解为冬小麦的丰度信息；同理，在低于 10 m 分辨率的时候，这种集成优势仍然可以保持，从而保证冬小麦识别的精度，不存在 HCD、SCD 方法只有在一定分辨率尺度才能够保证较高的识别精度的情况。

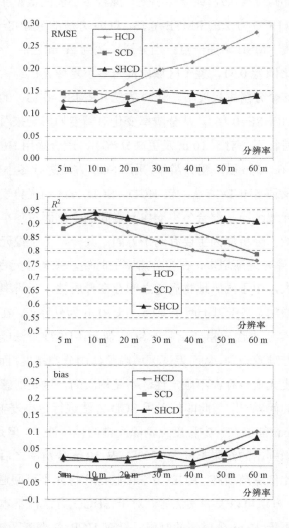

图 5-5　不同分辨率下三种方法 RMSE、bias 和 R^2 的对比分析

3. 识别结果空间子区对比分析

　　下面分别选择规整的冬小麦子区和破碎的冬小麦子区来分析冬小麦识别结果的变化。图 5-6 是一子区的冬小麦检测结果，相对于整个研究区而言，该子区冬小麦地块比较规整，最大的地块东西长度约 150 m，南北长度约 450 m。

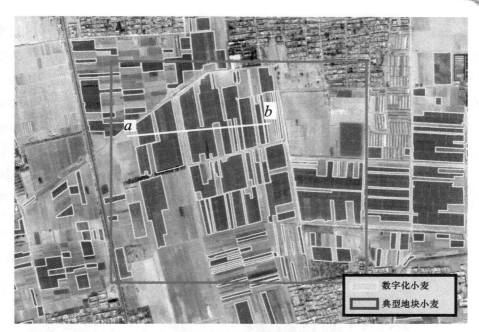

图 5-6　规整子区的原始影像与识别结果

图 5-7 表明了在该子区内随着分辨率尺度的变化，三种方法遥感识别检测结果在空间分布特征的变化。随着像元尺度的降低，纯净的冬小麦像元（丰度 100%）几乎就不存在了，在规整的冬小麦地块内部，冬小麦像元丰度较高，有的超过 90%。无论像元分辨率如何降低，一个统一的变化规律就是地块内部的丰度从内到外均是呈辐射状下降，即地块内部冬小麦丰度偏高，向外丰度逐渐降低。对于地块破碎的冬小麦地块，随着像元尺度升高，不存在上述的渐变像元，直接转化为 SCR 像元。对于 HCD 排他性的检测方法，识别结果要么丰度是 100%，要么是 0%，不会出现上面的渐变现象，尤其在粗分辨率的时候，破碎冬小麦地块逐步消失，这主要是由于 HCD 方法的阈值将丰度较低的地块所在的像元直接剔除了。如图 5-7 中在 60 m 分辨率的时候，标注黄色圆圈部分的细小地块就没有被 HCD 方法识别出来。对于 SCD 方法，检测出的冬小麦空间分布与冬小麦真值呈现比较好的相似性。但该方法从数量上来看，在不同尺度上选择纯净的冬小麦像元（如 60 m 分辨率下，蓝色圆圈标注的部分），读取真值丰度和 SCD 方法识别出的精度，可以发现二者一般相差

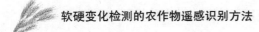

5%～20%，这主要是因为 SCD 方法易受到光谱不确定性的影响，尤其是采用多时期影像进行变化检测时，图像不确定性产生累积效应，SCD 方法本身也对光谱具有敏感性，因此即使冬小麦丰度为 100%，但是 SCD 方法识别出的结果仍存在差异。而对于模拟图像的背景信息，SCD 方法并没有完全消除噪声，存在一些噪声斑点，冬小麦丰度在 10%以下，SCD 方法对光的敏感性导致此类现象是无法消除的，在该区域 HCD 方法能够表现出一定的优势。直观来看，SHCD 方法表现出更好的冬小麦空间分布特征，在各个不同的像元尺度，在大地块内部纯净的冬小麦地块能够识别为 100%的冬小麦，从地块中心向外扩展到地块边缘，地块呈现一定丰度，再往外进一步到其他地物区域，冬小麦的丰度为 0。

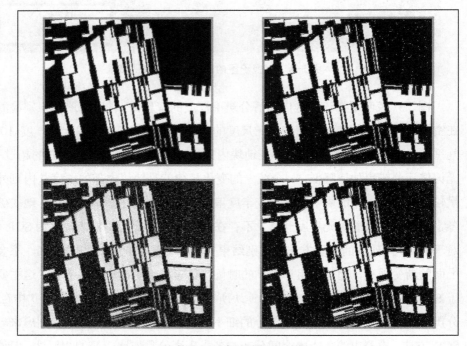

5 m

图 5-7　规整子区的冬小麦识别结果

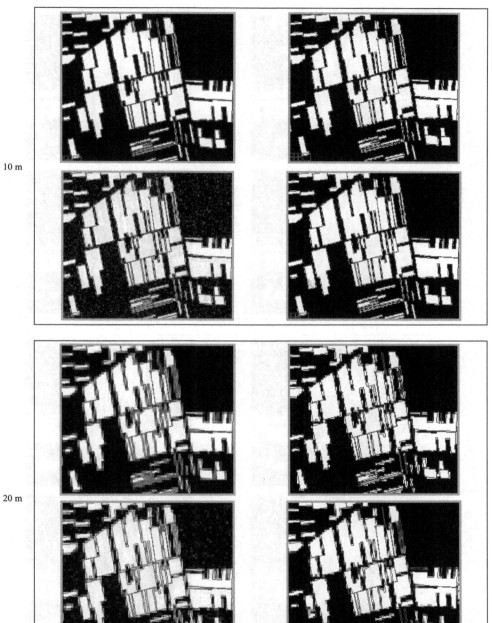

图 5-7 规整子区的冬小麦识别结果（续）

10 m

20 m

30 m

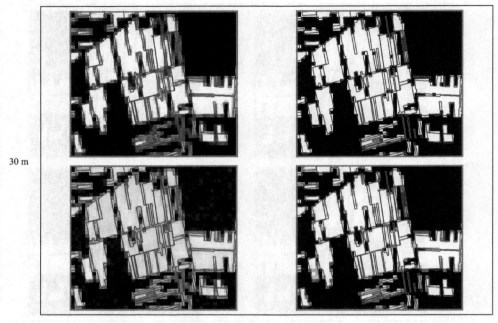

40 m

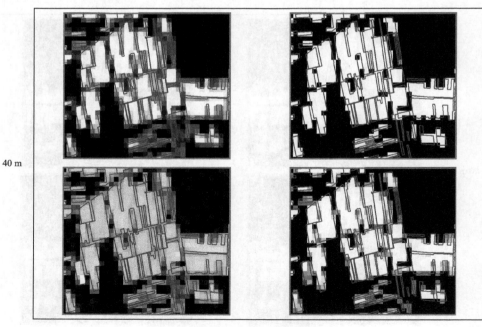

图 5-7 规整子区的冬小麦识别结果（续）

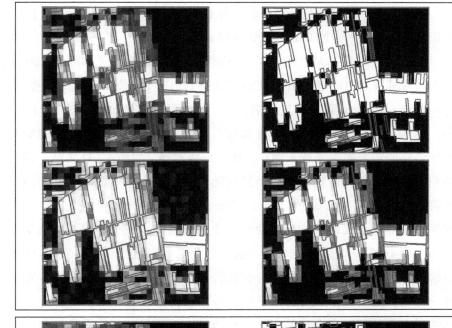

50 m

60 m

图 5-7　规整子区的冬小麦识别结果（续）

其中，每一个尺度左上为真值，右上为 HCD 方法识别结果，左下为 SCD 方法识别结果，右下为 SHCD 方法识别结果。

图 5-6 中，从 a 至 b 绘制了一条剖线。图 5-8 描述了 30 m 和 60 m 两个分辨率尺度时用 HCD、SCD 和 SHCD 方法检测出的冬小麦与真值的比较。从图 5-6 可以看出，在从 a 至 b 的过程中，由于地块经过规模比较大的冬小麦地块和裸地，因此在这个剖面上真值丰度曲线具有一定的起伏，随着尺度的增加，真值出现陡变的情况的距离越来越小，而且曲线趋缓。对于 HCD 方法，在地块最边缘的时候，识别精度低于真值，然后随着向地块内部移近，冬小麦识别结果精度突变为 100%，高于真值。同时，在一个地块到另一个地块之间，如果中间夹有零碎的非冬小麦地块，真值会有一个下降趋势，但是这时候仍然是冬小麦占优势，用 HCD 方法识别出的冬小麦结果仍会被夸大。对于 SCD 方法，在地块内部由于光谱的不确定性，识别结果总是低于 100%，在地块外部，存在背景值噪声，会识别出部分丰度的冬小麦。对于 SHCD 方法，在三个尺度上冬小麦识别结果与真值起伏吻合度最高。在地块外部的时候，一些噪声识别出的冬小麦结果直接取值为 0；在逐步跨入冬小麦地块的时候，冬小麦取值为 0～100%；在地块内部像元被划分为 100% 冬小麦。而对于背景的 NCR 区域，取值一定为 0%。综上，SHCD 方法能够针对因冬小麦在遥感影像上空间分布的不均一性而导致纯净、混合像元共同存在的情况，利用多时相影像构建变化向量，能有效地区分开 HCR、SCR 像元，提高冬小麦遥感变化检测识别精度。对于 SHCD 方法，仍存在一定的不足，主要表现在两个方面：其一，由于地块边缘的光谱混淆，冬小麦被划分为 0%，但是真值会存在一定的丰度，这虽然一定程度上消除了背景值的影响，但也会损失一定的精度；其二，在分辨率比较低的时候，如分辨率为 60 m 的时候，混合冬小麦的样本会占多数，地块内部丰度比较高的冬小麦像元易被划分为 100% 的冬小麦，夸大了冬小麦的丰度，这种情况在区域内混合像元比较多的情况下较容易出现。

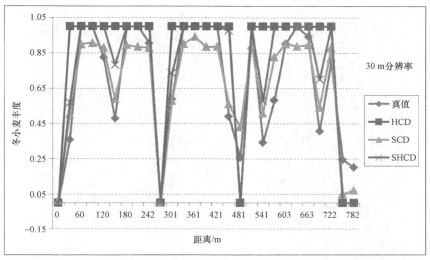

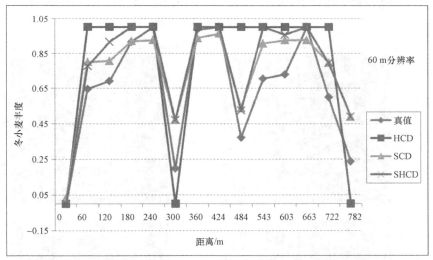

图 5-8 分辨率尺度为 **30 m** 和 **60 m** 时用三种方法检测出的冬小麦与真值比较图

　　上述是针对区域内较为规整的冬小麦地块进行分析，下面再针对该地区典型的破碎地块（见图 5-9）进行简单的分析，三种方法的冬小麦识别结果如图 5-10 所示。

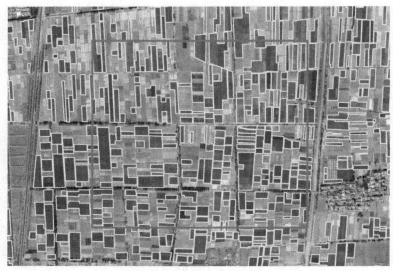

图 5-9　破碎地块子区图

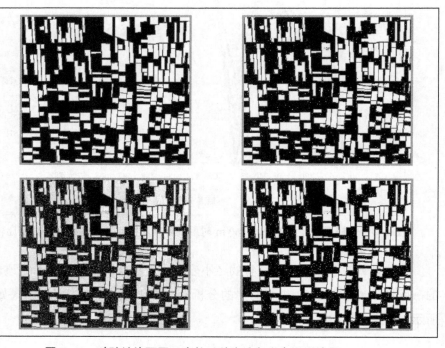

图 5-10　破碎地块不同尺度的三种方法冬小麦识别结果

10 m

20 m

图 5-10 破碎地块不同尺度的三种方法冬小麦识别结果（续）

30 m

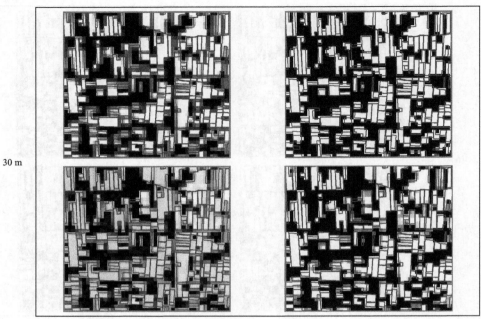

40 m

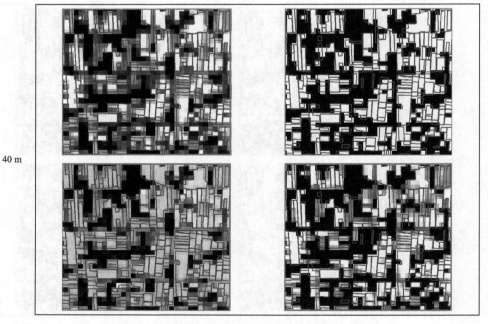

图 5-10　破碎地块不同尺度的三种方法冬小麦识别结果（续）

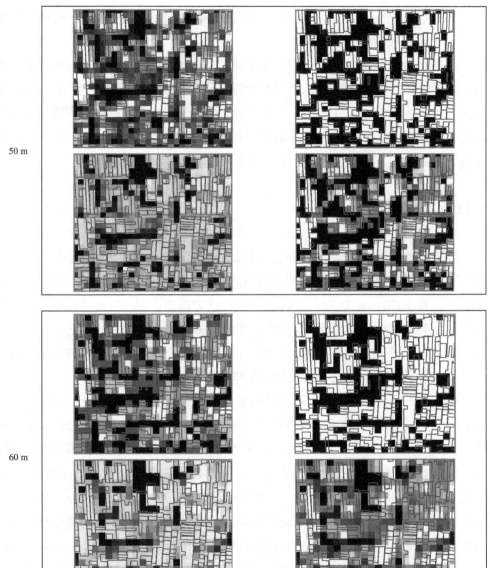

图 5-10 破碎地块不同尺度的三种方法冬小麦识别结果（续）

其中，每一个尺度左上为真值，右上为 HCD 识别结果，左下为 SCD 识别结果，右下为 SHCD 识别结果。

从识别结果可以看出，在破碎地块 SHCD 方法仍表现出与规整地块一致的趋势，与真值比较一致，仍然能在地块内部检测出零星的纯净冬小麦像元。HCD 方法扩大了地块小但连片分布的冬小麦识别结果。冬小麦破碎地块在不同尺度上多以混合像元的形式存在，SCD 方法能够有效地检测出冬小麦的丰度。SHCD 方法综合了上述两种方法的优势，受不同尺度分辨率的影响不大。

5.2.5　小结

本实验选择地块破碎的夏粮地区进行夏粮农作物识别，在剖线识别 HCR、SCR 冬小麦区域的基础上，分别利用 SVM、CESVM 进行冬小麦识别，形成如下结论。

（1）较 HCD、SCD 方法而言，用 SHCD 方法在不同尺度上进行评价均能够达到比较高的冬小麦识别精度，RMSE 在 0.15 以下，bias 作为反映区域总量精度的指标，由于错入/错出的原因，SHCD 方法的 bias 会控制在 0.02 的范围之内；R^2 的三种识别方法估计值与真值相关性都很高。

（2）研究区一、三为地块破碎的农业景观特征，通过尺度分析，初步确定了 20 m 分辨率作为软、硬变化检测的分界线。HCD 方法在高分辨率尺度（分辨率优于 20 m）时由于整个区域硬变化区占主体，HCD 方法对光谱的不稳定性不敏感，因此 HCD 方法较 SCD 方法有着明显的优势，HCD 方法的 RMSE 较 SCD 方法低 3%～5%；对于 SCD 方法，在低分辨率尺度（分辨率低于 20 m）时，实验区内软变化区占主体，即混合像元现象明显，SCD 方法通过变化向量能够有效地识别出冬小麦的丰度信息。在低分辨率尺度下，HCD 方法识别误差大，SCD 方法能够保持稳定的冬小麦丰度识别精度。对于 SHCD 方法，由于充分考虑到突变、渐变混合区共存的原因，分别针对不同区域采用 HCD 方法和 SCD 方法进行冬小麦的识别，识别结果几乎不受遥感影像空间分辨率的影响，继承了 HCD 和 SCD 两种方法的优势，保证冬小麦的识别精度。

（3）从地块尺度上来看，SHCD 方法冬小麦遥感识别空间特征在各尺度级别上与真实的冬小麦空间分布保持一致，在地块规整的地方，冬小麦的识别结果中丰度从内向外逐步降低；在地块极端破碎的地方，冬小麦的识别结果是以软变化区识别结果为主。

5.3 地块规整地区农作物识别模拟实验

5.3.1 变化样本选择

与研究区一相同，研究区二识别目标为冬小麦。参照两期遥感影像，针对差值后的遥感影像选择训练样本。为保证能在不同尺度（5 m，10 m，20 m，30 m，40 m，50 m，60 m）上开展该实验，在原始 2.4 m QB 影像上尽量选择地块规整、尺寸较大的地块作为样本。JM 距离均大于 1.95。根据 t_1 和 t_2 时期影像确定识别体系，针对三种地物的光谱特征进行样本的选择，识别体系见表 5–2。

表 5–2 不同时期遥感影像的变化（以 2.4 m 分辨率为例）

地物类型	t_1	t_2	差值影像
冬小麦（裸地—植被）			
休耕地（植被—裸地）			

续表

地物类型	t_1	t_2	差值影像
其他地物（如水体、城镇等）			

样本的选择方式同研究区一实验相同。针对不同尺度（5 m，10 m，20 m，30 m，40 m，50 m，60 m）遥感影像，对 2.4 m 分辨率下选择出的样本分别进行聚合分析，当重采样后的像元丰度大于 50%的时候，以覆盖该条件的像元作为对应尺度的分类样本。

5.3.2　SHCD 冬小麦识别结果

图 5-11 表明了利用 SVM 和 CESVM 对 HCR、SCR 区域进行冬小麦识别的结果。

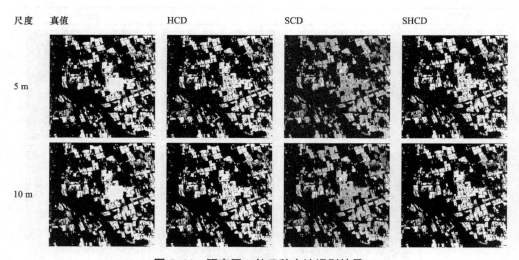

图 5-11　研究区二的三种方法识别结果

尺度　真值　　　　　　　　HCD　　　　　　　SCD　　　　　　　SHCD

20 m

30 m

40 m

50 m

60 m

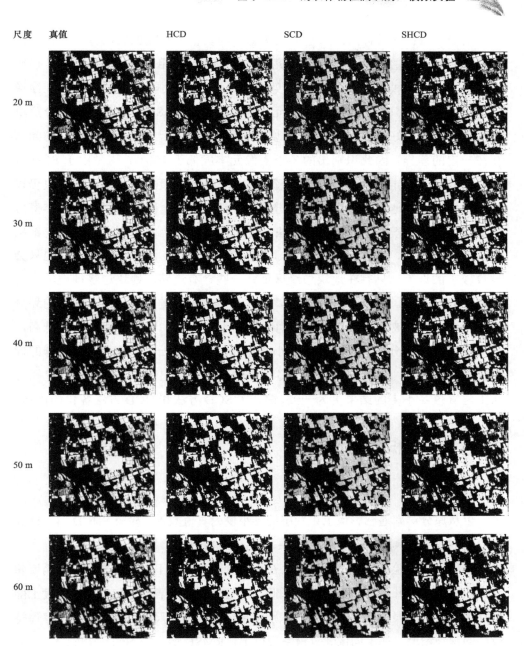

图 5-11　研究区二的三种方法识别结果（续）

从图 5-11 可以看出，从整体上来看，与真值冬小麦的空间分布相比，在研究区二识别出的冬小麦结果与研究区一结论相同。相比于大兴研究区，该研究区呈规整种植模式，即使随着尺度的不断上升，冬小麦地块中 HCR 纯净像元仍占大部分，只有少部分混合像元逐渐出现。对于 SCD 方法，在高分辨率尺度上，能够较好地识别出冬小麦地块的形状，但由于不同冬小麦像元的光谱存在一定的差异，因此识别出的冬小麦像元丰度低于 100%，这是由于 SCD 方法对于光谱不确定性的影响过于敏感造成的。随着尺度上升，冬小麦地块仍以纯净像元为主，地块内冬小麦的光谱异质性逐渐降低，因此识别的出冬小麦像元更接近真实情况。对于 HCD 方法，在不同的尺度上，识别出的冬小麦结果与真值高度相似，即使分辨率降低，混合像元比较少，这种二值的归属也只会导致较小的误差。只有在地块边缘区域，一些含有道路、地块边缘裸地的像元被划分成冬小麦。对于 SHCD 方法，在高分辨率影像的时候，由于阈值的划分对于 HCR 易于被检测成冬小麦，消除光谱不确定性的影响，随着尺度升高，影像中存在小部分 SCR，这部分冬小麦像元被分解成一定的丰度，大部分的像元仍然被划分成 100%丰度的纯净冬小麦像元，识别出的冬小麦结果从空间分布上与真值冬小麦的结果更为一致，综合了 SCD 方法和 HCD 方法各自的优势。

5.3.3 对比分析与讨论

1. 精度评价

以从原分辨率遥感影像上识别出的冬小麦为真值数据，检验 SHCD、HCD 和 SCD 三种变化检测方法识别出的结果，如图 5-12 所示。

与研究区实验得出的结论相同，在不同分辨率情况下，冬小麦的识别精度随着窗口的增大而升高，RMSE 逐渐降低，R^2 逐步升高，表明窗口在一定程度上能消除识别结果的误差。SHCD 方法识别结果在不同像元尺度上的分类均能够保持较高的识别精度，在不同像元分辨率尺度上，RMSE 均小于 HCD 方法、SCD 方法。在 1×1 的窗口范围之内，SHCD 方法的 RMSE 为 [0.1，0.12]，要低于 HCD 方法（RMSE 范围为 [0.16，0.18]）和 SCD 方法（RMSE 范围为 [0.16，0.18]），

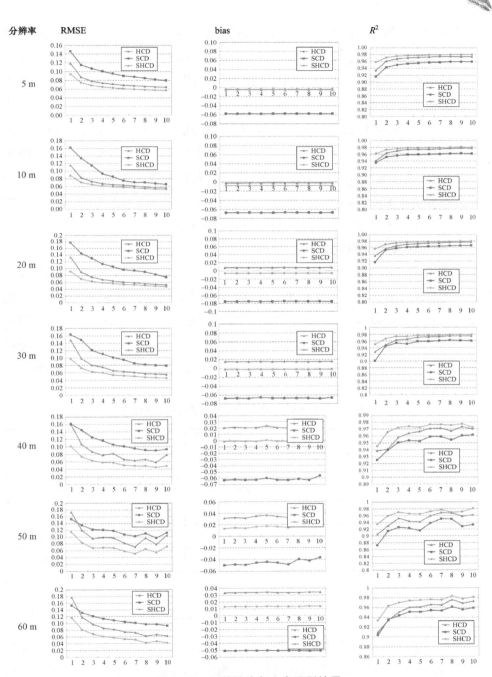

图 5-12　规整地块冬小麦识别结果

随着检测窗口的增大，SHCD 方法的 RMSE 比 HCD 方法、SCD 方法的均小。对于 bias 而言，在不同分辨率影像上，用 SHCD 方法识别的区域总量精度稳定在 [−0.003，0.01] 范围，均优于 HCD 方法（bias 范围 [−0.003，0.03]）和 SCD 方法（bias 范围 [−0.08，−0.05]）。在 60 m 尺度上，用 HCD 方法检测出的冬小麦 bias 为 0.033，而 SCD 的 bias（50 m 尺度）为−0.05，在总量精度上 HCD 方法表现出一定的优势，这主要是因为该区域的景观特征以规整冬小麦为主，用 HCD 方法比 SCD 方法更有优势。与 RMSE 一样，SHCD 方法的 R^2 表现出比较明显的优势，R^2 取值均高于 0.9。随着评价窗口尺度的增大，R^2 逐步升高，表明用 SHCD 方法检测冬小麦的结果与真值之间有着很高的相关性和稳定性。

2. 像元尺度对检测结果的影响分析

从图 5-12 中可以初步发现，三种方法在检测冬小麦的过程中，识别精度受到分辨率的影响。对于用于变化检测的遥感影像而言，随着分辨率的降低，纯净的冬小麦像元在逐渐减少，混合像元在逐渐增加，表 5-3 表明了在不同像元分辨率下纯净冬小麦、混合冬小麦像元数量的关系，其中的"纯/混"代表纯净冬小麦像元与混合冬小麦像元之间的比值，该表通过真值聚合到相应的尺度计算得到。

表 5-3　不同像元分辨率下纯净、混合像元的数量　　　　单位：个

分辨率	纯净冬小麦像元（a）	混合冬小麦像元（b）	非冬小麦像元	R=纯/混（a/b）
5 m	1 097 969	186 657	2 719 350	5.88
10 m	253 048	88 328	659 618	2.86
20 m	53 908	39 115	156 976	1.38
30 m	20 567	23 310	67 345	0.88
40 m	9 819	16 456	36 224	0.60
50 m	5 389	12 361	22 450	0.44
60 m	3 351	9 330	15 041	0.36

为直观表达，图 5-13 表明了在不同分辨率情况下，纯净、混合冬小麦像元的转化情况。显然，该研究区在地块规整种植模式下，纯/混像元比一直高于大兴研

究区（研究区一），一直到 20 m 分辨率时，纯净像元一直占据冬小麦地块的主要部分。随着分辨率的降低，纯净冬小麦像元大量转化为混合冬小麦像元，分辨率为 30 m 时候，两者数量基本一致；40 m 分辨率以后，纯净冬小麦像元已经减少到 10 000 个以下；60 m 分辨率的时候，纯净冬小麦像元虽然只有 3 351 个，但纯/混比仍有 0.36。而大兴实验区遥感影像在 20 m 分辨率时，纯/混比只有 0.31。因此，总体来看，该研究区冬小麦地块的景观破碎程度较低，导致纯净冬小麦像元数量随着分辨率尺度上升而缓慢减少。

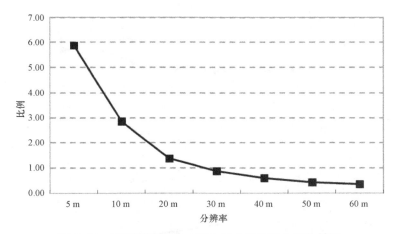

图 5-13　研究区二纯净、混合冬小麦像元的转化情况

图 5-14 表明了在 1×1 的检验窗口下，用 SHCD、HCD 和 SCD 三种方法检测冬小麦在窗口内的评价结果。从识别结果的精度来看，在用 SHCD 方法检测冬小麦的结果中 RMSE 都比较低，在不同分辨率尺度下，RMSE 一致呈稳定的态势，一般都低于 0.12，比大兴研究区精度更高，这是因为该研究区大部分冬小麦地块为 HCR 像元，地块内的光谱异质性偏低，而 SHCD 方法对于这些像元能够进行准确识别。HCD 方法随着分辨率的逐步降低，RMSE 越来越大，当分辨率为 50 m 以上时，由于混合像元过多，RMSE 超过了用 SCD 方法检测的 RMSE。SCD 方法的 RMSE 在高分辨率的时候其分类精度要低于 HCD，RMSE 取值高于 0.18，随着分辨率降低，RMSE 降低，精度呈缓慢升高的趋势。但总体来说，SCD 方法对于任

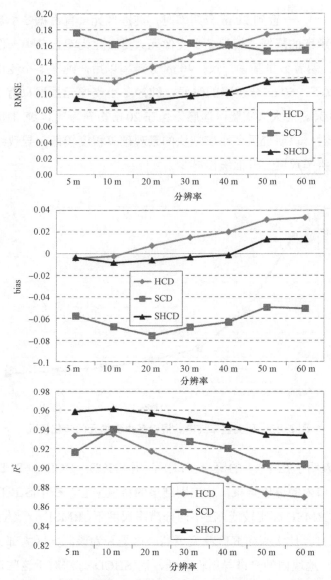

图 5-14　不同分辨率下三种方法 RMSE、bias 和 R^2 的对比分析

意尺度的 RMSE 均在 0.15 左右，这主要是受到光谱异质性的影响。结合 bias 可以分析得出，用 SHCD 方法和 HCD 方法识别出的冬小麦区域总量是有偏差的，而且随着尺度的增大正向偏差不断增大，但 SHCD 方法和 HCD 方法与真值总量的

偏差一直小于 SCD 方法与真值总量的偏差。从表 5-3 可以看出，当分辨率为 40 m 的时候，R^2=0.6，纯净冬小麦、混合冬小麦的数量相当，此时二者的 RMSE 相等（HCD 的 RMSE=0.16，SCD 的 RMSE=0.16），用 SHCD 方法识别的冬小麦结果更加准确，其 RMSE 为 0.1；当分辨率为 50 m 的时候，纯净冬小麦像元/混合冬小麦像元的比例为 0.44，整个区域内混合冬小麦像元已经占主体，在这个分辨率尺度下，SCD 方法（RMSE=0.15）的识别精度要高于 HCD 方法（RMSE=0.17）。因此当分辨率小于 40 m 时，HCD 方法比 SCD 方法更适合在规整种植模式区域提取冬小麦；当分辨率大于 40 m 后，混合像元比较多，采用 HCD 方法提取冬小麦存在一定的误差，而 SCD 方法则能发挥优势提取不同丰度的冬小麦。

总体来看，SHCD 方法较 HCD 方法、SCD 方法优势明显，其分类精度随着分辨率的增大发生小幅度的变化（RMSE=［0.09，0.12］）。因此，结合研究区一的实验结论，SHCD 方法不受冬小麦景观特征影响，基本不会出现 HCD 方法、SCD 方法受到最优分辨率影响的情况，能够保证冬小麦识别的精度。

5.3.4 小结

本节中，针对地块规整种植区域的冬小麦进行实验，采用 HCD、SCD、SHCD 三种方法提取目标地物——冬小麦，并对结果进行分析和讨论。5.3 节实验以 RMSE、bias、R^2 作为统计指标，在不同空间尺度和评价窗口下进行了精度评价。结果表明：在不同评价尺度下，SHCD 方法在不同尺度上具有更低的 RMSE、bias 和较高的 R^2，比 HCD 方法、SCD 方法更适合用于冬小麦的提取。相比于地块比较破碎的大兴研究区，在该实验中，在较高分辨率情况下，HCD 方法表现得比 SCD 方法更有优势，这是因为规整地块大部分像元为纯净像元。但随着分辨率降低，混合像元的增多让 SCD 方法能够更加准确地估计冬小麦像元的丰度，因而这两种方法都有一个适合分辨率尺度进行农作物识别，而 SHCD 方法基本不受分辨率的影响，能保持较高的识别精度。

5.4　秋粮农作物识别模拟实验

在 5.2 节和 5.3 节中，分别选择地块破碎、规整的实验区，采用 SHCD 方法进行冬小麦遥感检测识别，识别出冬小麦的空间分布。实验结论得出 SHCD 方法较传统的 HCD、SCD 方法均具有优势，能够灵活地针对图像上硬变化、软变化区域分别采用不同方法进行冬小麦的识别。冬小麦作为中国北方唯一的大宗夏季收获农作物，与其相混的农作物比较少，有利于变化检测识别出农作物。为进一步验证 SHCD 方法的适用性，本节选择种植结构复杂的秋粮进行农作物识别，以延庆区 2013 年的玉米作为识别对象。

5.4.1　地物分析与样本选择

研究区三位于北京延庆区，该地区积温偏低，不适宜种植冬小麦，一年中种植的农作物以春播玉米为主。通过实验区 7 月 30 日的 RapidEye 可以看出该地区玉米生长比较旺盛，同时期生长的农作物不但包括大豆、蔬菜等，还有许多自然植被（如树、草地），这对玉米的识别造成很大的干扰。对野外采集的样本进行分析，从 7 月 30 日的影像中获取光谱，图 5-15 表明了与玉米易混的其他三类地物（大豆/蔬菜、树和草地）的光谱信息。其中，大豆和蔬菜的光谱信息极为接近，因此在此合并为同一类地物进行分析。通过光谱分析，发现这四类植被的光谱异质性不是很高。其中，草地的光谱波动性比较明显，尤其在第五波段（红边波段）光谱的异质性比较高，主要原因可能是草地作为自然植被，受水分的影响较大，生长存在较大的差异（这里的草地一般是自然草地，人工草地受到精心管理，一般生长较好）。但是，从光谱的整体特征来看，草地与其他三类植被的地物相混的可能性不大。玉米与树、大豆/蔬菜的光谱相比，在前四个波段中（蓝、绿、红、近红波段），这三类地物的差异性不是很明显，到了第 5 波段（红边波段），大豆/蔬菜的反射率突然增高，与玉米的光谱特征有着较明显的区别。但是，玉米和树之间的光谱信息仍比较相似，这也造成了玉米和树的识别易混淆。

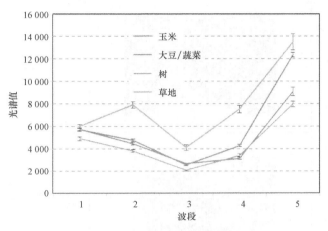

图 5-15　地物的光谱曲线图

　　根据差值影像的光谱特征，结合原始影像进行样本的选择，在原始分辨率（30 m）影像上分别选择出各类地物的变化光谱，作为识别样本。考虑到该地区的物候特征，模拟的图像为春播玉米播种时期，即 5 月的时候，该研究区树木已经长叶，因此这个时期在遥感影像上表现出植被的光谱信息，假定两个时期的光谱没有异常的变化，则其光谱信息与裸地—裸地、水体—水体的光谱信息的差值比较相似，可以归为未变化地物类。表 5-4 为秋粮农作物的影像差值检测样本。

表 5-4　秋粮农作物的影像差值检测样本（RGB=5、4、3）

样本类型	差值影像子区	描述
裸地—玉米		在 8 月初的时候春玉米进入抽穗期，且作为高杆农作物，从裸地光谱到玉米农作物光谱的转化中，遥感光谱含有一定阴影

续表

样本类型	差值影像子区	描述
裸地—大豆/蔬菜	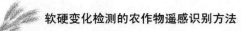	大豆/蔬菜在这一时期生长旺盛，但纹理比较均匀
裸地—草地		草地光谱较上述两种样本的光谱差异较大
非变化地物		非变化区光谱变化不明显

　　上面四类样本均在 5 m 分辨率上选择，同冬小麦中的实验一样，每一类样本选择得足够多（选择方式同在地块破碎地区对样本进行选择），一般都在 10 000 个以上，超出进行变化检测的理论样本数量。这样，就可以分别在不同的降维尺度上（10 m，20 m，30 m，40 m，50 m，60 m）进行玉米的识别验证，分析分辨率的变化对检测精度的影响。

　　针对从 5 m 影像上选择的样本，分别聚合到各尺度（10 m，20 m，30 m，40 m，50 m，60 m）上计算对应的 JM 距离，均大于 1.95，满足变化检测样本的分离度要求。

5.4.2 识别结果

利用 PGCM 方法划分出实验区内农作物硬变化区域（HCR）、软变化区域（SCR），然后采用 SVM 分类和 CESVM 方法进行农作物的检测识别。在 HCR 区域得到 100%的玉米识别结果，在 SCR 区域得到丰度信息。为分析方便，选择一个子区进行分析。图 5-16 是在 6 个尺度（10 m，20 m，30 m，40 m，50 m，60 m）上一个子区的玉米识别结果。可以清晰看出，随着尺度的不断增大，由农作物地块之间（如道路）、农作物和非农作物（休耕地、裸地、树木等）形成的混合像元越来越多，穿插在整个地块内部和周边。用 HCD、SCD 和 SHCD 三种方法识别出的玉米与真值空间分布相似。对于 HCD 方法而言，由于识别结果都是 100%的玉米，在高分辨率尺度的时候，中间的道路还能够依稀可见，但是随着分辨率尺度的降低，SCR（农作物间道路）也随之消失。对于 SCD 方法，识别出的玉米在 20 m 分辨率及以下的时候，能够略微清晰地看出软变化区域，但随着尺度的增大，软变化区域也随之消失；对于 SCD 方法，不足的地方在于 SCR 内部（玉米种植规模的地块内部）由于光谱的异质性和不确定特征，导致该方法识别出的玉米丰度低于 100%。对于光谱的敏感性是该方法不可回避的问题。对于 SHCD 方法，同先前冬小麦的识别结果一样，能够继承 HCD、SCD 方法各自的优势。从图上可以看出，在大片的玉米范围内识别，能够得到 100%的玉米丰度，一定程度上消除了光谱的不确定性，而对于 SCR（即混合像元，如地块的边缘）其取值范围在 0~1%之间，CESVM 方法通过限制性端元选择合适的端元进行分解识别，得到农作物的丰度，可以解决 HCD 方法排他性的"0~1"结果，得到更加贴近于 SCR 区域内的农作物结果。

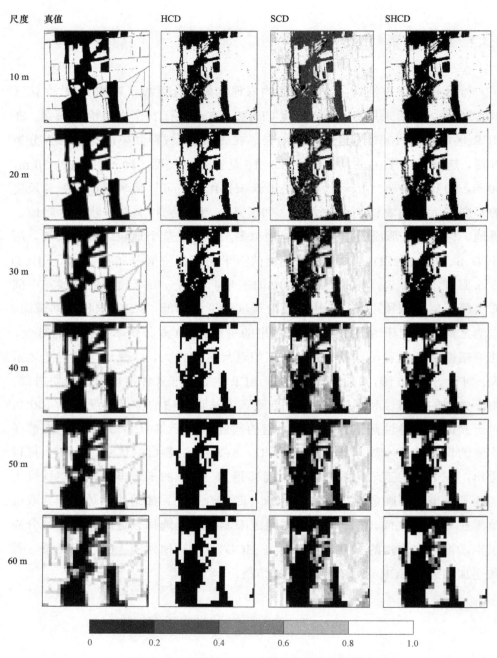

图 5-16　不同尺度上玉米识别结果子区影像

5.4.3　对比分析与讨论

1. 精度评价

利用玉米真值数据作为检验值，计算三种方法的识别结果在不同分辨率上的 RMSE、bias 和 R^2。在任一分辨率尺度上，SHCD 方法的 RMSE 均高于 HCD、SCD 方法（见图 5–17）。

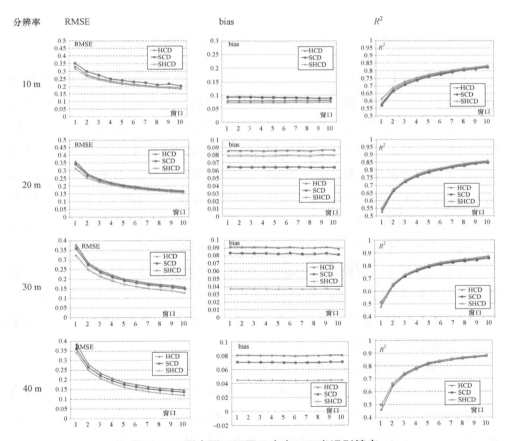

图 5–17　研究区三不同尺度窗口玉米识别精度

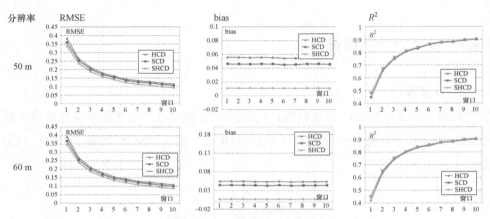

图 5-17 研究区三不同尺度窗口玉米识别精度（续）

同利用 SHCD 方法识别冬小麦一样，利用 SHCD 方法识别玉米结果精度随着检验尺寸的增大而逐步提高，但识别精度要明显低于冬小麦，初步原因就是与玉米生长同期农作物的存在。在 20 m 分辨率以下时，三种方法识别出玉米的丰度低于 0.4；在 30 m 分辨率以上时，三种方法识别出玉米的丰度高于 0.4，这主要是由于分辨率尺度增大后，混合像元严重，识别误差逐步增大，在 1×1 窗口内，从 10 m 到 60 m，SHCD 方法的 RMSE 范围稳定在 [0.31，0.34] 之间，小于 HCD 方法的 [0.33，0.39] 和 SCD 方法的 [0.35，0.36]。bias 作为整体区域总量的偏差，相对于冬小麦而言，识别精度在不同尺度上偏差比较大，且均为正值，这正是由于尺度增大，同期农作物相混，导致其他农作物混入到玉米结果中，致使区域的总量精度增大，SHCD 方法在区域总量精度上表现出的优势优于其他两种方法。R^2 在不同分辨率、不同尺度的特性，与 RMSE、bias 相同，三者没有太大变化，SHCD 方法均表现出一定的优势。

2. 分辨率尺度对识别精度的影响分析

图 5-18 表明了研究区三内纯净、混合像元的转化情况。比例含义同表 5-1 中的计算方法，可以看出纯净、混合像元之间的转化非常明显。因为该地区，秋粮农作物以玉米为主，因此纯净像元的所占比例很高。在像元分辨率为 10 m 的时候，纯净/混合比例高于 5 倍以上，说明在该区域纯净的玉米像元占主导。

随着分辨率的迅速降低，在 20 m 分辨率的时候，纯净/混合冬小麦像元已经低于 2 倍；到了 30 m 分辨率的时候，二者几乎持平。超过 30 m 分辨率后，混合像元占主导。

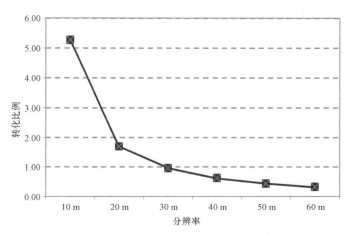

图 5-18　研究区三内纯净、混合像元的转化情况

从地块规整角度进行分析，研究区三与通州地区地块相比较为规整，与识别冬小麦不同，本实验与冬小麦识别结果产生了不同的实验结论。在通州研究区，当分辨率尺度为 40 m 及以上的时候，HCD 方法识别的冬小麦 RMSE 要低于 SCD 方法，主要是因为在此尺度及更小的时候，纯净像元占主导，HCD 方法不受光谱不确定性的影响，可以保持较高的识别精度。图 5-19 表明了三种方法识别玉米在检测窗口设置为 1×1 的时候，不同分辨率下玉米的识别精度。结合图 5-18 和图 5-19，可以分析出：虽然在低于 30 m 分辨率的时候，纯净像元占主导，但是 HCD 方法识别出的玉米精度要低于 SCD 方法，即使在 20 m 分辨率的时候也是如此。究其原因，就是在识别玉米的时候，由于同期农作物的影响，一些大豆/蔬菜，甚至一些树木被识别成玉米，也有部分的玉米被识别成其他农作物。虽然，纯净像元占了一定的比例，但受同期农作物的影响，即使采用多时相变化检测方法，在秋粮识别的时候仍然是一个不容忽视的因素。

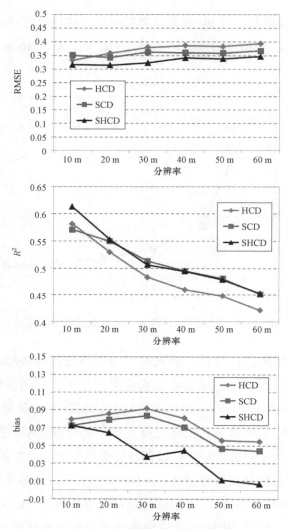

图 5-19 不同分辨率下玉米的识别精度

与冬小麦的识别相比，SHCD 方法识别玉米精度降低比较大（RMSE 在 0.3 左右，有的尺度下甚至接近 0.4）。从自身识别精度来看，由图 5-19 可以分析出：首先，从 RMSE 来看，随着尺寸的增大，整体玉米检测精度逐步降低，但降低程度不够明显。以 20 m 作为界限，低于 20 m 分辨率的时候，HCD 方法较 SCD 方法的识别精度偏高，过了 20 m（包括 20 m），HCD 方法的识别精度低于 SCD 方法；从 bias 来看，HCD、

SCD 方法的区域面积总量是接近 0.1，且为正值，结合 RMSE 的特性说明，对于识别同期农作物比较多的秋粮农作物——玉米，容易产生错入现象。R^2 随着像元尺寸的增大逐步降低，说明了识别玉米无论对哪一种方法，像元分辨率的影响都是比较大的。综合三个指标来看，SHCD 方法比 HCD、SCD 方法优势明显，随着分辨率尺度增大，RMSE 也在不断增高（像元误差逐步增大），但都会低于 0.3；但是在三种方法中，bias 在区域精度表现的优越性更加明显，在 60 m 的时候，由于错入/错出的原因，bias 低于 0.01；R^2 随着像元分辨率尺度增大而增大的情况也比较明显，主要是由于分辨率尺度增大，识别误差增大的缘故。

3. 空间子区的对比分析

下面进一步选择典型的地块，分析 SHCD 方法的有效性。图 5-20 是典型的玉米地块，从 5 m 分辨率影像上来看，玉米地块还是较为明显、清晰。与其生长的同期农作物也是非常混杂，在如此复杂的影像上准确识别出玉米是比较困难的。

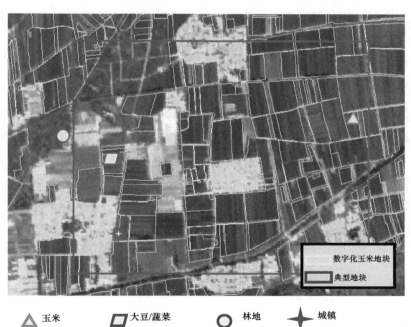

图 5-20　典型的玉米地块

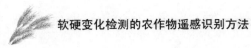

　　图 5-21 是三种方法在不同分辨率尺度上进行玉米检测识别结果的子区影像。从真值可以看出，随着分辨率尺度的逐步降低，SCR 区域像元主要分布在两个地方：其一，玉米地块之间，多以道路形式出现；其二，玉米和其他地物的交界处。其中，对于圆圈标定的林地与玉米相混的情况，从表 5-4 分析可以得出，虽然林地和玉米有一定的差异，但差异不是十分明显，在分辨率较高的时候，有大片林地被检测为玉米。随着分辨率提高，由于林地与其他地物混合，光谱特征发生变化，会导致混合林地的光谱信息与玉米产生较大的差异，从而有效地将二者区分开。对于 HCD 方法，随着影像的分辨率降低，SCR 区域内的像元根据玉米的丰度被划分为玉米或非玉米像元，当其他同期地物，如大豆/蔬菜等地物，由于地物的混淆，会 100%混入到玉米的检测结果中。SCD 方法在玉米的 SCR 区域和同期农作物混入方面，较 HCD 方法存在优势，由于该方法对光谱具有一定的敏感性，因此在两个区域均可赋值为一定的丰度，介于 0～100%之间，但在背景区域（典型的非玉米区）和大块的玉米田内，这种优势存在着不足。光谱不确定性产生的噪声影响 SVM 的分解，在这些区域产生一定的丰度。对于 SCD 方法而言，由于光谱的异质性影响，在高分辨率的时候尤为明显，这主要是地物内部的异质性更加强烈，导致大块玉米田内识别结果丰度高低不一。从玉米检测的结果来看，SHCD 方法识别的玉米分布更加合理。在大片的玉米种植范围内，能够识别出 100%的玉米信息，而在地块的边缘，能够识别出一定丰度的玉米信息。而且，在各个尺度的圆圈内，虽然从外部错入部分的林地，但是玉米检测结果呈一定的丰度，这也在一定程度上降低了玉米检测的误差。

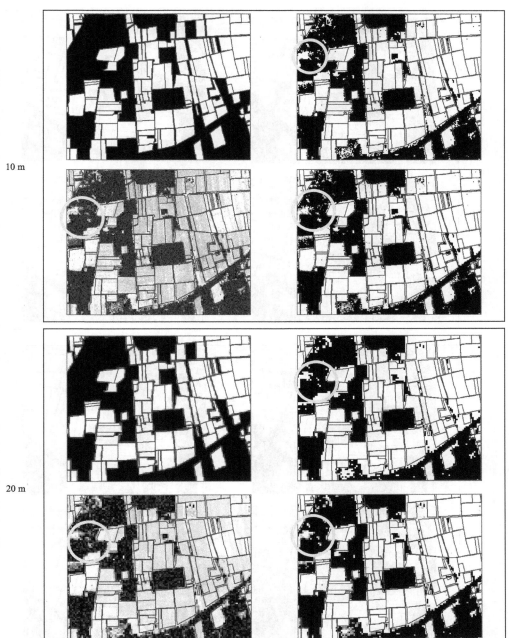

10 m

20 m

图 5-21 三种方法在不同分辨率尺度上进行玉米检测识别结果的子区影像

30 m

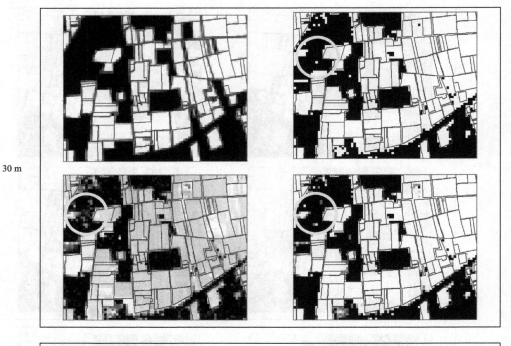

40 m

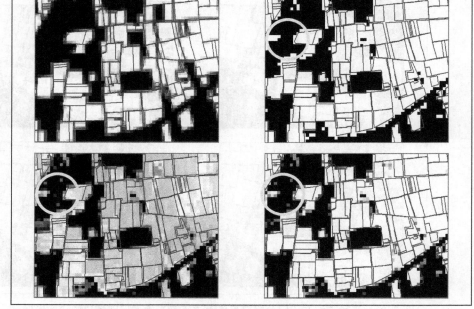

图 5-21　三种方法在不同分辨率尺度上进行玉米检测识别结果的子区影像（续）

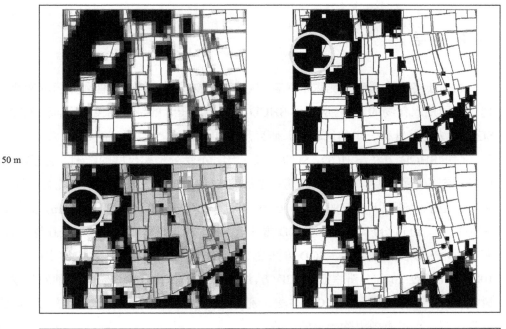

50 m

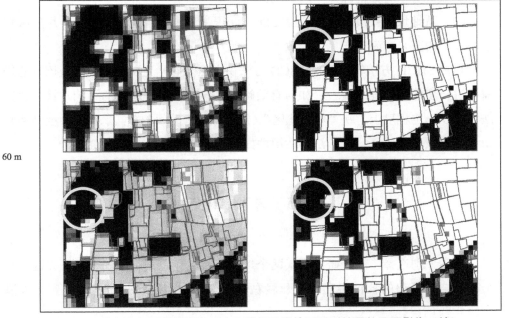

60 m

图 5-21　三种方法在不同分辨率尺度上进行玉米检测识别结果的子区影像（续）

5.4.4 小结

相对于冬小麦遥感检测识别而言,秋粮农作物识别不但受到像元分辨率影响,也受到同期农作物的影响。从利用 SHCD 方法检测玉米的结果角度来看,较 HCD、SCD 方法仍然具有一定的优越性。研究形成如下结论。

（1）SHCD 方法与 HCD、SCD 方法相比,不受分辨率尺度的影响,能够得到比较稳定的识别精度。由于受同期农作物的影响,HCD 方法玉米识别能力降低,主要是由于大量混入情况的出现。在不同尺度（10 m,20 m,30 m,40 m,50 m,60 m）上,10 m 分辨率时候,HCD 方法较 SCD 方法更有优势,主要是在这一尺度以玉米上硬变化区为主,SCD 方法受到光谱异质性的影响,大块农田丰度低于100%,而超过 20 m 分辨率后,HCD 方法识别结果偏高,主要是同期其他农作物、树等混入。在各尺度上,SHCD 方法识别玉米精度高于 HCD、SCD 方法,尤其在背景区域,可以有效消除噪声的影响。

（2）从地块级尺度上来看,SHCD 方法玉米遥感识别空间特征在各尺度级别上与真实的玉米空间分布更加一致。

虽然 SHCD 方法较 HCD 和 SCD 方法识别玉米有一定的优势,但是该方法仍需要进一步深入研究：其一,如何有效解决"异物同谱"造成的影响,目前该方法只能在一定程度上解决"软变化区"（混合像元）的问题；其二,在种植结构复杂、地块破碎的地区,该方法的适用性如何。

5.5　本章小结

本章分别选择了三个研究区（两个地块分别破碎、规整的冬小麦研究区,一个种植结构复杂的秋粮研究区）开展农作物变化检测的实验研究,得到令人满意的实验结果。

（1）在研究区一,破碎地块识别冬小麦,不同检测窗口内 SHCD 方法的 RMSE

要低于 HCD、SCD 方法，一般都低于 0.15，不受分辨率的影响。HCD 方法检测冬小麦在分辨率为 5 m 的时候，RMSE 为 0.13，精度较高，但随着分辨率的逐渐降低，RMSE 越来越大，甚至在分辨率为 60 m 的时候，RMSE 高达 0.28，远低于 SHCD、SCD 方法。在分辨率低于 20 m 时，RMSE 均低于 0.15，然后随着分辨率的提高，RMSE 增加很快，误差增大；而 SCD 方法能够有效消除"软变化"产生的问题，保持稳定的精度；SHCD 方法较上述两种方法均能够保持较高的精度，在 1×1 的窗口下，比 HCD、SCD 方法在各分辨率尺度上低 5%～10%，在高分辨率的时候（10～30 m），低 5%左右，bias 作为衡量区域总量精度的指标，反映出 SHCD 方法也能够保持比较高的精度，SHCD 方法的总量精度绝对值低于 0.1。R^2 随着检验窗口的增加，其相关性逐步升高，均达到 98%以上。

（2）在研究区二，规整地块识别冬小麦，由于耕地地块大，HCD 方法较 SCD 方法更有优势，在分辨率为 40 m 的时候，HCD 方法检测冬小麦要优于 SCD 方法，随着分辨率尺度提高，混合像元产生的软变化区在区域内所占的比例增大，SCD 方法较 HCD 方法有优势。在不同分辨率尺度范围内，SHCD 方法在 1×1 窗口条件下识别出的冬小麦较 HCD、SCD 方法的 RMSE 都要低 5%～10%。区域冬小麦总量偏差（bias）和相关性（R^2）都有着明显的优势。同研究区一一样，研究区二 HCD、SCD 方法也有着最优分辨率识别尺度，40 m 作为分界点，低于 40 m 的时候，HCD 方法要优于 SCD 方法，高于 40 m 的时候，SCD 方法比 HCD 方法更有优势。但对于 SHCD 方法，不受最优分辨率的影响，比上述两种方法均能够有效地进行冬小麦识别。

（3）同上面冬小麦的识别结果一样，对于种植结构复杂的秋粮，SHCD 方法的优势也是比较明显的。但是 RMSE 比较低，结合 bias 分析，这主要是由于其他农作物产生了混入。在 1×1 检测窗口下，SHCD 方法比 HCD、SCD 两种方法的 RMSE 均低。随着影像分辨率的提高，1×1 窗口下 RMSE 增高、bias 与真值差距增大和 R^2 呈现下降趋势，这主要是分辨率增大后，多种农作物混入进来，为识别带来更大的困难，但 SHCD 方法在三种检测方法中仍表现出色。

综上，三个实验证明了 SHCD 方法进行农作物的识别较传统的 HCD、SCD 方法存在着优势，集成了 HCD、SCD 方法各自的特点，有的解决 SCD 方法在硬

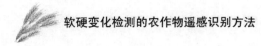

变化区（纯净像元）受到光谱不稳定性和 HCD 方法在软变化区（混合像元）识别为"0～1"排他性结果的不足，保证了农作物的识别精度。但是，该方法的识别精度受限于 PGCM 造成的硬、软变化区划分的误差。PGCM 难以将农作物地块之间的其他地物区分开，产生的软变化区无法识别从而被划分成硬变化区，也就按照硬变化进行识别，夸大了农作物的识别结果。其次，同期农作物是秋粮识别中不可回避的问题，SCD 方法虽然能够在一定程度上消除软变化区的影响，但是其他农作物的混入对农作物识别整体精度影响比较大，这是一个需要继续深入研究的问题。

此外，在本章研究中采用模拟数据开展了实验研究，简化了其他地物的复杂情况。在实际应用过程中，要比模拟实验更加复杂，需要进一步利用实际的遥感数据开展研究，验证 SHCD 方法的适用性。

6 基于 SHCD 的夏、秋粮农作物识别：真实实验

6.1 概　　述

SHCD 方法采用模拟数据开展实验，验证了其在农作物识别中具有一定的适用性。但在应用真实的遥感数据开展农作物遥感识别中，情况会更为复杂。本章选择地块较为破碎的冬小麦（研究区四）和种植结构复杂的秋粮（玉米和大豆，研究区五）开展研究，分析 PGCM 方法划分 HCR、SCR 和 NCR 三者的适用性，进一步采用 SVM 和 CESVM 方法进行 HCR 和 SCR 的农作物识别，验证 SHCD 方法的适用性。

6.2　基于环境卫星的 SHCD 方法冬小麦识别

在研究区四中，规整和破碎的冬小麦地块均存在。冬小麦生长周期从 10 月上旬开始，到下一年 6 月下旬结束，整个生长阶段包括播种、出苗、分蘖、越冬、返青、起身、拔节、灌浆和成熟[83]，两期遥感影像分别为播种和拔节两个关键期，适用于冬小麦的检测识别。

6.2.1 差值影像提取

结合差值影像（见图 6-1），分析地物在不同波段光谱特征差异及其在差值影像上的表现特性。

△ 水体　　□ 小麦　　○ 蔬菜或草坪等
◇ 两期影像同时为植被　　▱ 两期影像同时为裸地
注：R：G：B 波段组合为近红外差值波段：红光差值波段：绿光差值波段。

图 6-1　研究区差值影像

（1）水体，由于水体在蓝光、红光、近红外波段呈现出低反射率的光谱特性，因此差值影像上灰色线状或灰色块状地物为水体。

（2）裸地—裸地与植被—植被，在不同时期均为同一类的地物，在不同时期影像各波段所呈现出的光谱反射率差异不大，在差值影像上以灰色色调显示的地物对应为两期影像中同时为裸地或植被的区域。因此，在差值影像中这两种地物与上述水体光谱相仿，即未发生变化的地物。

（3）植被—裸地，对于环境卫星遥感影像，裸地在绿光和红光波段中反射率总体高于植被，而在近红外波段低于植被，因此对于 t_1 到 t_2 时期由植被转变为裸地的区域而言，两期影像的差值在红光和绿光波段为正值，且红光波段差值会更高，近红外波段差值为负值。根据本书的差值影像显示组合可知，该区域地物在差值影像中以蓝绿色色调显示，一般对应蔬菜或草坪等。

（4）裸地—植被，由于裸地和植被在近红外波段上的反射率差异较大，而在其他波段差异较小，因此差值影像上以红色色调表示的区域对应 t_1 到 t_2 时期由裸地转变成植被，结合该区域的农作物物候特征确定该区域为冬小麦。

6.2.2　软/硬变化区的划分

根据差值影像计算 t_1、t_2 影像之间的变化强度影像（见图 6-2）。图 6-2 表明了在短时间尺度上，只有植被的光谱信息发生剧烈的变化。从变化强度影像来看，冬小麦地块的光谱特征很明显，呈现出很强的变化幅度，这也是短时间尺度进行冬小麦识别的基础。

图 6-2　冬小麦的变化强度影像

采用剖线梯度变化方法（PGCM）模型提取出硬/软变化区。结合原始遥感影像和变化强度影像，选择典型的地块设置剖线共 20 根，然后分别计算剖线上相应的变化幅度，选取软变化区的强度范围为 [12，20]。图 6-3 表明，从目视的角度来看，在明显的地块边缘，表明 PGCM 针对真实遥感影像是能够较为准确地识别出渐变区的，当然在大片的地块内部（如 P），由于冬小麦所占的比例比较高，利用 PGCM 处理该区域存在一定的误差。此外，周边的背景地物中，也有大部分的背景地物被识别成软变化区，这种情况的产生是由于地块较小形成的混合像元、地物光谱的不稳定性或者其他地物的变化造成的。PGCM 对光谱是比较敏感的，这样的混入导致其在实际应用中存在局限性。

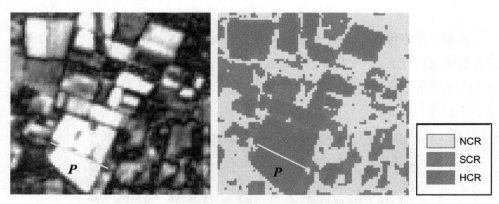

图 6-3　冬小麦 HCR、SCR、NCR 的划分

6.2.3　变化样本选择

本部分采用 HJ-1 卫星数据，每一类变化地物训练样本数量均为 120 个像元。通过对研究区内两期遥感影像及其差值影像进行对比分析，整个区域从 t_1 到 t_2 时期光谱变化特征确定为 5 类：水体—水体；裸地—裸地；植被—植被；植被—裸地；裸地—植被。表 6-1 为地物变化样本选择，表明不同地物在两期影像和差值影像上的光谱特征。

表 6-1　地物变化样本选择

判断地物类型	变化类型	t_1 时期影像特征	t_2 时期影像特征	差值影像
非冬小麦	水体—水体			
	裸地—裸地			
	植被—植被			
	植被—裸地			
冬小麦	裸地—植被			

注：R∶G∶B 波段组合分别为 4∶3∶2。差值影像 R∶G∶B 波段组合分别为近红外差值波段∶红光差值波段∶绿光差值波段。

6.2.4　SHCD 方法冬小麦识别

　　将样本输入到 HCR、NCR 中，分别进行 SVM 和 CESVM 冬小麦识别。三种方法的识别结果与真实冬小麦对比可知，整体上三种识别方法提取出的冬小麦范围与真实冬小麦分布基本相同（见图 6-4），均表现出较好的识别结果。HCD 方法将识别结果表现为冬小麦和非冬小麦两种地物，过渡区域的微弱冬小麦信息被忽略，如图 6-4（b）所示。SCD 方法判别的结果是以［0，100%］的连续丰度值表示冬小麦的识别结果，可表现出过渡区域冬小麦的细节信息，但在识别结果中存在许多噪声点。表现在两个方面：其一，在纯净的非冬小麦区域识别出一定的冬小麦丰度，这些值均接近于 0，如图 6-4（c）子区窗口 1 所示；其二，在纯净的冬小麦区域冬小麦识别结果应为 100%，但在 SCD 方法识别结果中一般接近于100%，尤其是对于大片的冬小麦种植区域，识别结果不像 HCD 方法冬小麦结果为 100%。SHCD 方法的识别结果能够将整个区域划分为三个部分：确定转化为冬小麦的区域（白色区域，丰度值为 100%）、部分转化为冬小麦的区域［以（0，100%）的灰色色阶表示冬小麦丰度］、其他地物区（黑色区域，丰度值为 0）。从结果来看，SHCD 方法在冬小麦过渡区域（混合像元）是 SCD 方法的识别结果，在冬小麦离散变化区域（纯净像元）是 HCD 方法的识别结果，综合了二者优势解决遥感影像纯净、混合变化区域共存的问题，能够更加准确地识别出离散变化、连续变化区域的冬小麦，符合遥感影像反映出的冬小麦分布情况。

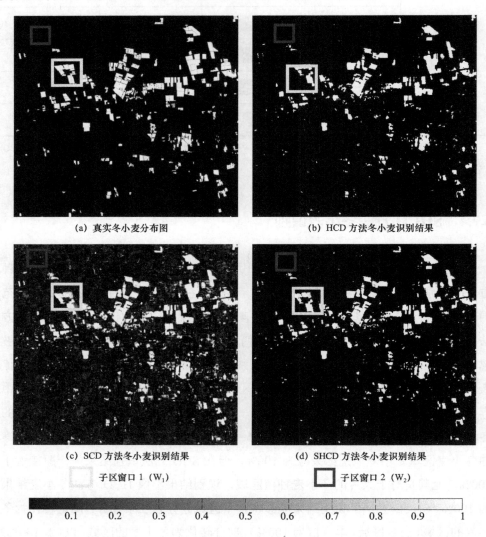

(a) 真实冬小麦分布图　　　　　　　　　　　(b) HCD 方法冬小麦识别结果

(c) SCD 方法冬小麦识别结果　　　　　　　　(d) SHCD 方法冬小麦识别结果

子区窗口 1（W_1）　　　　　　　　　　　子区窗口 2（W_2）

图 6-4　不同方法冬小麦识别结果分布图

图 6-5 表明，整体上 SHCD 方法的识别结果表现最高的识别精度。SHCD、HCD、SCD 方法的 RMSE 在各窗口下的取值范围分别为 0.13～0.07，0.16～0.07，0.16～0.07；bias 的大致取值分别为–0.000 7，–0.008，0.015；R^2 取值范围分别为 0.73～0.90，0.52～0.76，0.55～0.74。因此，SHCD 方法较其他两种方法对冬小麦识别表现出较高精度和较好稳定性。随着窗口尺寸的增大，三种方法的 R^2 值均增大，而 RMSE 和 bias 值减少，这说明随着像元尺度的增大，窗口内冬小麦像元产生错入错现象在一定程度上抵消了分类误差和配准偏差产生的影响，这与已有的研究结论是一致的。

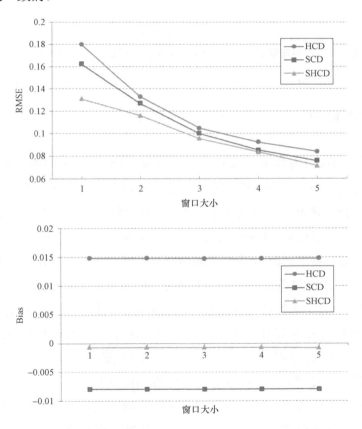

图 6-5　不同尺度下 HCD、SCD、SHCD 方法的识别精度比较

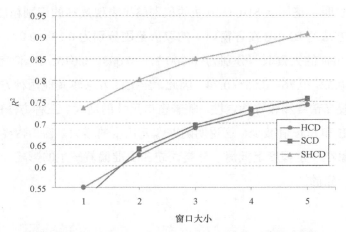

图 6-5　不同尺度下 HCD、SCD、SHCD 方法的识别精度比较（续）

6.2.5　精度评价

根据真值数据［见图 6-4（a）］将研究区进行划分，分别为冬小麦突变区（即冬小麦丰度 100%）、冬小麦渐变区（即混合冬小麦区）、非冬小麦区（即冬小麦为 0%），并分析评价三个区域中各方法识别农作物的精度（见表 6-2）。表 6-2表明：在非冬小麦区和冬小麦突变区（离散变化区），HCD 方法的识别精度最高，SHCD 方法与其接近，SCD 方法的精度最低且较其他两种方法相差较大，主要是因为 SCD 方法对光谱比较敏感，容易将一些地物误分成冬小麦，而 SHCD 方法继承了 HCD 方法的特性，对光谱的微弱变化不敏感；在冬小麦渐变区，SCD方法识别精度最高，SHCD 方法与其接近，HCD 方法对目标结果进行二值划分，对含有比较低丰度的冬小麦会忽略，而对于高丰度的冬小麦取值为 100%，造成HCD 方法的识别错误，具有 SCD 方法特性的 SHCD 方法可以避免这一点。SHCD方法总体识别精度高于单独使用任何一种软、硬变化检测的方法，因此对于遥感影像上土地覆盖变化的离散变化、连续变化共存现象具有很好的灵活性和适用性。

表 6-2　研究区四冬小麦分区域精度评价

区域	方法	RMSE	bias
NCR	HCD	0.06	0.005 0
	SCD	0.09	0.019 3
	SHCD	**0.07**	**0.006 0**
冬小麦 SCR	HCD	0.48	−0.102 7
	SCD	0.43	0.008 0
	SHCD	**0.44**	**−0.048 2**
冬小麦 HCR	HCD	0.28	−0.116 0
	SCD	0.39	−0.154 9
	SHCD	**0.30**	**−0.138 5**

　　从图 6-4（a）～图 6-4（d）可以看出，三种变化检测方法识别出冬小麦的整体结果与真值均较为一致。为更加清晰分析本书方法的优势，选择一个子区［见图 6-4（a）～图 6-4（d）子区窗口 1］进行三种方法的对比分析，可以得出：对于 HCD 方法［见图 6-6（d）］，在典型冬小麦区识别效果好，而地块边缘过渡区［见图 6-6（d）黄框周围区域］，即冬小麦混合像元区，由于丰度偏高或偏低，被硬性划分为冬小麦区或非冬小麦区，造成冬小麦的错分、漏分；对于 SCD 方法［见图 6-6（e）］，地块边缘过渡区识别结果较符合实际情况，较 HCD 方法表现出较好的优势，但由于光谱的不稳定性因素，在典型非冬小麦区的冬小麦识别过程中识别结果非 100%，造成混入误差。如在典型的非冬小麦区［见图 6-6（e）红色框内部］，识别结果为具有一定丰度的冬小麦，范围为 0～20% 像元。这主要是因为光谱的不稳定性，导致不含有冬小麦的像元被分解出一定丰度的冬小麦，这是利用分解方法进行软变化检测不可回避的问题。然而对于典型的完全转为冬小麦的区域［见图 6-6（c）白色识别结果］，冬小麦丰度为 100%，但实际的识别结果丰度一般在 90%～100%，这也是硬变化检测存在的问题。

与上述两种方法相比，SHCD方法［见图6-6（f）］能够更加准确地提取出离散变化区和连续变化区的冬小麦。离散变化区的冬小麦分布范围和识别结果与HCD方法结果相似，消除了SCD方法导致其他地物的混入，能够准确地提取出离散变化区的冬小麦，丰度取值为100%；连续变化区识别结果与SCD方法的结果基本相同，能够较好地识别出边缘过渡区（混合像元区）的冬小麦信息。相对于SCD方法，基于ESVM超平面光谱空间的划分，SHCD方法仍然会舍弃一部分低丰度的冬小麦像元，这会对小麦地块的边缘像元造成一定的影响。综上分析，SHCD方法综合集成了软、硬变化检测方法各自的优势，充分利用农作物的物候特征，能够更加有效地识别出农作物的空间分布。

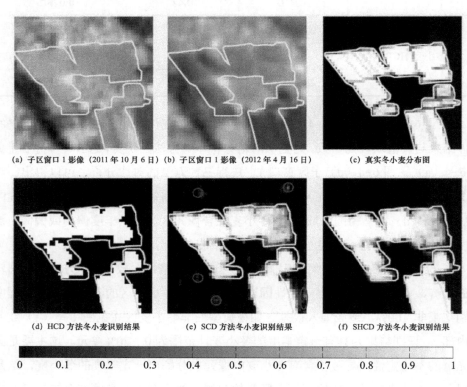

(a) 子区窗口1影像（2011年10月6日）(b) 子区窗口1影像（2012年4月16日） (c) 真实冬小麦分布图

(d) HCD方法冬小麦识别结果 (e) SCD方法冬小麦识别结果 (f) SHCD方法冬小麦识别结果

0　0.1　0.2　0.3　0.4　0.5　0.6　0.7　0.8　0.9　1

注：(a)、(b) 中R∶G∶B波段组合均为4∶3∶2。

图6-6　子区窗口1冬小麦分布图

6.2.6　小结

综合软、硬变化检测方法各自的优势，本书提出了软硬变化检测的冬小麦识别方法（SHCD 方法），并通过差值影像和 ESVM 方法，实现了软硬变化检测识别冬小麦，得到如下结论。

（1）精度验证表明，较 HCD、SCD 方法，在不同窗口尺度下，SHCD 方法识别结果整体表现出最低的 RMSE 和 bias，以及最高的 R^2（RMSE 范围为 0.13～0.07，bias 为−0.000 7，R^2 范围为 0.74～0.90），因而显示出较高的冬小麦识别精度和稳定性。

（2）三个区域（冬小麦突变区、冬小麦渐变区、非冬小麦区）的精度评价结果表明，SHCD 方法在冬小麦突变区和非冬小麦区的识别精度接近 HCD 方法，在冬小麦渐变区的识别精度接近 SCD 方法，在实际的应用中可适应不同景观分布特征，整体精度高于单独使用 HCD 或 SCD 方法。

（3）本书提出的 SHCD 方法可根据土地覆盖变化定义目标农作物状态，将研究区划分为离散变化区和连续变化区。离散变化区可通过土地覆盖状态变化来识别农作物，识别结果与 HCD 方法等同；连续变化区可通过变化程度来反映冬小麦丰度，识别结果与 SCD 方法基本等同，综合 HCD、SCD 方法各自的优势，识别结果与农作物实际分布状况更加符合。该方法为其他不同种植景观、不同农作物的遥感识别打下良好的实验基础。

6.3　基于 Landsat 8 OLI 影像的秋粮识别

6.2 节中，SHCD 方法在一定程度上可消除 HCD 方法检测对软变化区的（0，1）二值性识别结果和 SCD 方法对 HCR 区域光谱不稳定性的影响，在冬小麦检测识别中得到很好的应用。对于秋粮农作物，由于种植结构复杂，其识别有一定的困难。本节中，针对秋粮农作物——玉米、水稻进行 SHCD 方法识别，检验 SHCD 方法的适用性。

6.3.1 秋粮农作物光谱分析

从对研究区五的介绍中可知，该研究区秋粮种植农作物很复杂，主体农作物以水稻、玉米为主，兼有零星的大豆/蔬菜，周边山区的自然植被表现明显，这些自然植被也是与目标秋粮农作物（玉米和水稻）在生长季易相混的主要地物。图 6-7 为研究区五 7 月 26 日的植被光谱。可以分析出来，大豆/蔬菜在第 4、第 5 两个波段上与其他几种植被差异比较大，尤其是在近红波段上，差异最为明显。虽然光谱有一定的波动性，但是在这两个区分比较大的波段上，与其他几种植被的光谱不重合。在这一期影像上，水稻、玉米和树的光谱信息很接近，树木相对于其他地物而言，差异略大一点，玉米和水稻的光谱信息非常接近，也只是在第 5 波段（中红外波段）上略有区别。在分析光谱波动（用误差线来表示光谱的标准差）时，玉米和水稻相互重叠。可见，利用单期农作物生长季的遥感影像进行农作物的准确识别是不现实的。

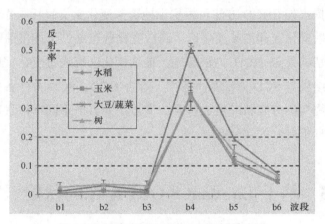

图 6-7 研究区五 7 月 26 日的植被光谱

利用与图 6-7 同样的一套样本，在 7 月 26 日与 5 月 23 日差值影像上选择对应的植被。图 6-8 是 7 月 26 日与 5 月 23 日差值影像的植被光谱，简单目视就可以看出在 7 月 26 日的影像上极易相混的农作物，在 5 月 23 日到 7 月 26 日的地物转化中，这一个尺度上的变化向量发生很大的变化。根据物候特征分析，对于林地而言，在 5 月的时候，该地区林地已经返青，生长较为旺盛，同时一些林地是常绿针叶林，更是保证了在这一变化过程中，光谱比较稳定，因此光谱的变化向量趋近于 0。大豆/蔬菜在 5 月是裸地状态，但是在 7 月就与其他地物不相混（见图 6-8），因此差值向量也不与其相混。作为农作物生长季内最易混的玉米和水稻，加入 5 月的光谱信息后，两种地物的差值向量之间的差异发生了明显的变化。主要原因是 5 月影像上，反映出水稻的灌水光谱信息，而对于玉米是即将进行播种的裸地光谱信息，二者差值向量在各个波段上表现的差别很大。虽然每一种地物在每一个波段上的光谱存在波动性，但是各植被在第 3、第 4、第 5 波段上彼此之间的差距比较大，光谱重叠性不严重。通过以上分析可见，差值影像能够在时间尺度上有效地表达出区域内植被之间的差异，这是进行秋粮农作物识别的基础。

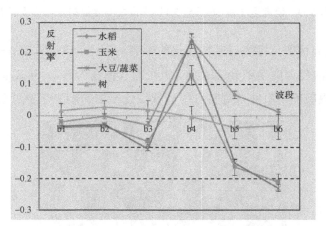

图 6-8　研究区五 7 月 26 日与 5 月 23 日差值影像的植被光谱

6.3.2　软、硬变化区划分

针对两个时相产生的变化强度影像进行划分，利用 PGCM 模型将整个区域划分为三个部分：HCR、SCR 和 NCR。从图 6-9 可以清晰地看出整个区域在短时间内的地物变化。整体上来看，整个区域可以明显划分为两个部分：变化区（玉米、水稻）和未变化区（林地、城镇）。

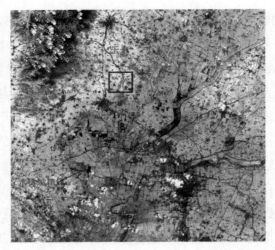

图 6-9　研究区 7 月 26 日与 5 月 23 日之间差值的变化强度影像

　　为清晰地表达变化强度对区域变化的影响，选择子区（见图 6-10）可以清晰地看出，变化区包含两个部分：HCR（大块的农作物内部）、SCR（农作物的边缘地带），在地块破碎的农业景观特征中，软变化产生的影响是不可忽视的。

图 6-10　差值影像子区图

　　结合 5 月 23 日、7 月 26 日遥感影像和变化强度影像，在原始影像上选择出30 根剖线，按照 PGCM 方法确定 HCR、SCR 和 HCR 的分割点。同时，目视修正分割点。

图 6-11 为农作物软、硬变化区划分，表明了利用 PGCM 方法提取出的 HCR、SCR 和 NCR。从地面样方结果来看，在大片的秋粮农作物（玉米、水稻）内部能够识别出大部分的 HCR 像元。当然，在大片的农作物地块内部，还是有一些零散 SCR 像元，结合图 6-11（b）和图 6-11（c）可以看出，这些软变化像元的产生是由于光谱的不确定性造成的，在地块内部造成影像之间比较大的梯度落差。当然对于 SCD 方法，光谱的不稳定性势必会影响结果。对于地块边缘地带，包括同一类农作物（玉米、水稻）或是不同农作物（玉米、水稻），由于彼此之间的光谱存在一定的差异性，能够将线状地物（道路等）或者过渡带（如玉米向水稻过渡）有效地识别出来，作为 SCR 区域。从农作物品种角度来看，利用航片解译的两种农作物样方内纯净的农作物（比例为 100%）作为硬变化，玉米包含的软变化区像元所占比例为 5%，要低于水稻纯净样方内包含的像元 15%。造成这一结果的原因是水体的光谱不稳定性要高于裸地，在灌水期和生长期都会存在这个问题。而且，图 6-10 表明水稻的变化强度要低于玉米的，在阈值设定的时候，会易于将水稻划分为 SCR。同时，水稻和玉米的交界处也会被识别为 SCR。

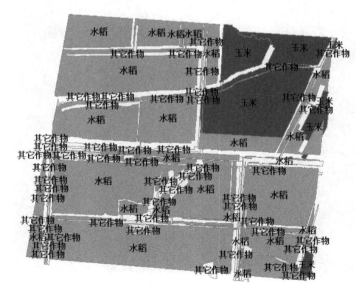

（a）航片解译农作物结果

图 6-11　农作物软、硬变化区划分

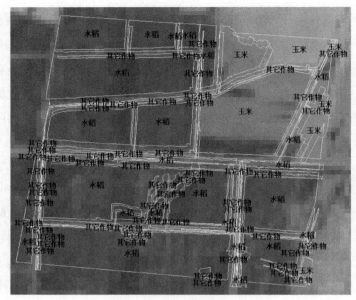

(b) 5 月 23 日影像

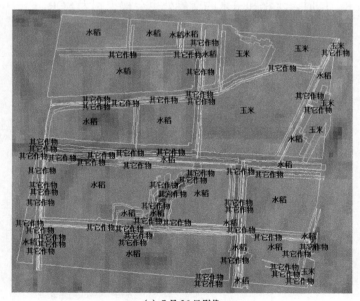

(c) 7 月 26 日影像

图 6-11　农作物软、硬变化区划分（续）

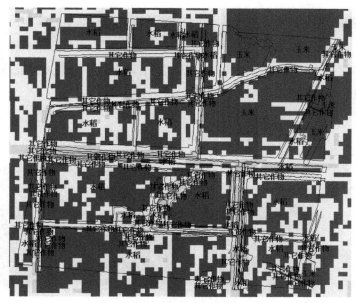

(d) 软、硬变化区识别结果

注：红色部分为 HCR；黄色部分为 SCR；青色部分为 NCR。

图 6-11 农作物软、硬变化区划分（续）

6.3.3 样本选择

秋粮种植结构较为复杂，利用野外采集的样本作为先验知识，结合 5 月 23 日、7 月 26 日的影像，在差值影像上选择出变化检测样本。样本的分类体系如表 6-3 所示。

结合图 6-8 和表 6-3 对样本影像进行分析，非变化地物（水体、城镇和林地）虽然各自不同时期的差异性比较大，但是在差值影像上变化不大，分离度也非常低，JM=1.5 左右，因此将这三类地物的样本归属为未变化地物样本。水稻、玉米和大豆/蔬菜三类农作物各自选择样本，其中玉米、水稻在 7 月 26 日影像中的异质性不大，但是差值影像表现出明显的不同特征。由于秋季云覆盖是比较常见的问题，一旦覆盖到农作物，会对农作物的识别产生一定的影响。本研究中暂不考虑云对农作物的影响。从表 6–3 中也能够发现云作为光谱反射率非常高的地物，在差值影像上其反射率与其他地物相差很大，便于识别。上述样本每一类不低于 180 个。样本之间的分离度均达到 JM=1.99 以上，说明了样本具有很高的分离度，能够适用于进一步的检测识别。

表 6–3　地物变化样本选择（影像波段组合=6：4：3）

判断地物类型	变化类型	t_1 时期影像特征	t_2 时期影像特征	差值影像
非变化地物	水体	水体—水体		
	城镇	城镇—城镇		
	林地	暗植被—暗植被		
水稻		水体—暗植被		

续表

判断地物类型	变化类型	t_1 时期影像特征	t_2 时期影像特征	差值影像
玉米	裸地—植被			
大豆/蔬菜	裸地—亮植被			
云	其他地物—云			

6.3.4   识别结果

将样本输入 HCR、SCR 影像，进行农作物的识别。按照限制性端元原则，逐一确定 SCR 像元识别的端元进行 CESVM 分解。HCD、SCD 和 SHCD 三种方法变化检测水稻、玉米的识别结果如图 6-12 所示。

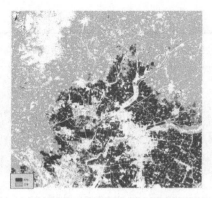

(a) HCD 方法检测水稻、玉米的识别结果

(b) SHCD 方法检测水稻的识别结果　　　(c) SHCD 方法检测玉米的识别结果

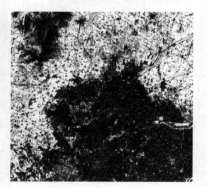

(d) SCD 方法检测水稻的识别结果　　　(e) SCD 方法检测玉米的识别结果

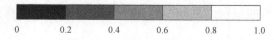

0　　　0.2　　　0.4　　　0.6　　　0.8　　　1.0

图 6-12　三种方法变化检测水稻、玉米的识别结果

从整体上来看，图 6-12 中显示出三种方法变化检测农作物识别结果的空间分布比较相似，相对于 HCD 方法识别出的农作物空间而言，SCD 方法与 SHCD 识别出的农作物空间分布更为相似。在一些背景值上，SCD 方法检测的结果主要是光谱的不稳定性造成的，对于 SHCD 方法检测识别出的结果在这些区域被划分成为未变化区，丰度为 0%；在农作物地块的内部，光谱的不确定性导致 SCD 方法识别出的农作物丰度低于 100%。HCD 方法检测结果对这种不确定性在一定程度上有改进，但会在 SCR 产生不足。

6.3.5 结果分析与讨论

1. 精度评价

图 6-13、图 6-14 是以利用航片数据识别出的样方作为真值进行精度评价得出的结果，对于被云所覆盖的区域，样方结果不参与计算。从识别结果来看，SHCD 方法较 HCD、SCD 方法识别出玉米和水稻的精度要高。与冬小麦识别结果规律一样，在 [1，2，3，4，5] 尺度窗口，随着窗口的增大，RMSE 在逐步降低，R^2 在逐步升高，主要是尺寸越大，由于错入/错出效应，窗口内的误差会逐步降低。SHCD 方法的识别结果中 RMSE 为 [0.18，0.19]，优于 HCD 方法的 [0.18.0.20] 和 SCD 方法的 [0.19，0.22]。在窗口为 1×1 的时候，SHCD 方法检测出的水稻 RMSE 低于 0.2（RMSE=0.19），明显优于 HCD（RMSE=0.21）和 SCD（RMSE=0.22）方法，可见该方法的优越性。SHCD 方法检测的水稻总量精度误差稳定在 0.04 以下。R^2 反映出整体结果与真值的相关性，不同窗口下都高于 0.64。三种方法相对而言，HCD 方法要优于 SCD 方法，分析原因就是该区域内水稻的光谱信息呈大片分布，同时水稻光谱异质性比较强，SCD 方法受到的影响会比较大。对于 SHCD 方法，大部分水稻像元可以被划分为 HCR，可以在一定程度上消除光谱的不确定性影响，同时 CESVM 可以提取出与其相关的端元进行水稻的分解，得到水稻丰度，要比 SCD 方法采用全局端元进行分解保证了输入端元的合理性。

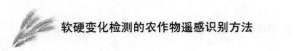

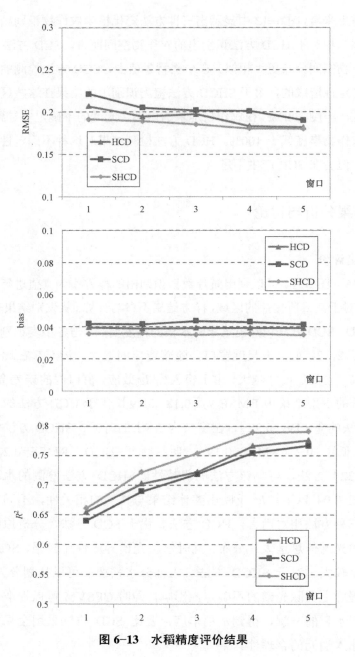

图 6-13　水稻精度评价结果

SHCD 方法识别出的玉米结果要也优于其他两种方法，SHCD 方法识别结果中的 RMSE 为 [0.21，0.23]，优于 HCD 方法的 [0.23.0.26] 和 SCD 方法的 [0.23，0.25]。窗口在 1×1 的时候，SHCD 方法的 RMSE=0.237，HCD 方法的 RMSE=0.251，HCD 方法的 RMSE=0.266。相对于水稻的识别结果来看，玉米的识别结果精度要低。分析原因发现，水稻的光谱从播种期的水体到生长期的植被转化过程中，与其他地物可区分度更高。但是，对于玉米而言，其从裸地到植被的转化过程与大豆/蔬菜存在一定程度的相似。此外，玉米种植条件比水稻的要求要低，会出现小规模种植，也就是地块破碎的农业景观特征，这就与大兴冬小麦识别一样，SCR 像元大量存在，造成 SCD 方法会优于 HCD 方法。图 6-14 玉米精度评价结果正好说明了这一点。

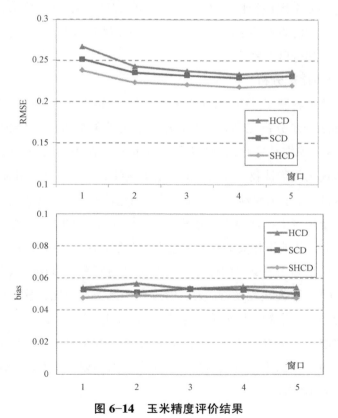

图 6-14　玉米精度评价结果

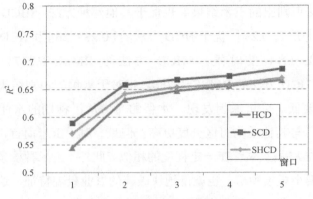

图 6-14　玉米精度评价结果（续）

不同于冬小麦全图进行精度评价，考虑到研究区内有 12 个样方，分三个区后（NCR、农作物 SCR、农作物 HCR）检验样本较少，说服力不足，在此对秋粮 SHCD 方法识别结果不作分区的精度评价。

2. 空间分布比较分析

上面通过真值检验了 SHCD、HCD 和 SCD 三种方法对水稻、玉米识别结果的精度。下面进一步分析三种方法对农作物识别结果空间分布的影响。图 6-15 所示为玉米、水稻识别结果对比。可以看出，SHCD 方法识别出的空间分布较 HCD 方法更能够体现出线形地物，可识别出一定丰度的农作物信息，相对于 SCD 方法能够在地块内部（蓝色圆圈标注）消除光谱不稳定性的影响。这主要是因为 SHCD 方法已经在一定程度上在地块内部划分出 HCR；同时，CESVM 通过空间特征确定输入端元，保证其他不相关的端元不会参与分解，保证了 SCR 检测结果的准确性。此外，在玉米和水稻交界的地方，SCD 方法进行分解直接输入全局的样本，也包括大豆/蔬菜，作为端元光谱，大豆/蔬菜与玉米具有一定的相似性，这种全局端元的输入会导致玉米的丰度分解结果降低。选择出这些过渡像元进行分析，SCD 方法识别出的水稻、玉米分别在 30% 左右，二者之和小于 100%；而 SHCD 方法一般在 40%～50%。由于在这些区域只有玉米、水稻端元输入，识别出的水稻、玉米丰度之和为 100%。

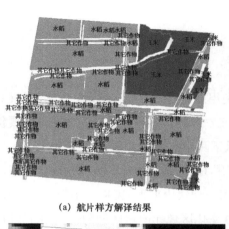

（a）航片样方解译结果

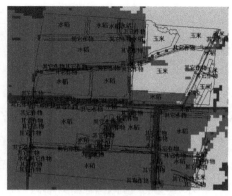

（b）HCD 方法识别的玉米、水稻

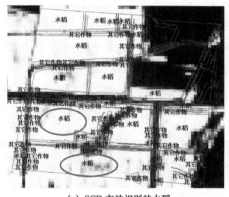

（c）SCD 方法识别的水稻

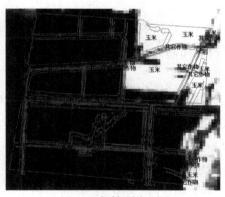

（d）SCD 方法识别的玉米

（e）SHCD 方法识别的水稻

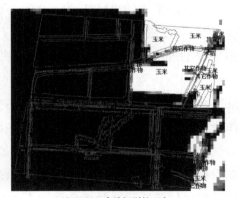

（f）SHCD 方法识别的玉米

图 6-15 玉米、水稻识别结果对比

6.3.6 小结

本节针对秋粮农作物（玉米和水稻）利用两期遥感数据 Landsat 8 OLI 开展真实实验研究，实验结果表明，SHCD 方法在农作物检测精度和空间分布方面要优于传统的 HCD、SCD 方法。主要体现在以下两个方面。

其一，SHCD 方法利用 PGCM 方法利用 HCR 到软变化的突变来确定阈值，划分出农作物的纯净、混合两个区，能够保证地块内部为 HCR、边缘带为 SCR。用航片结果验证，玉米纯净地块内包含的软变化区像元所占比例为 5%，水稻纯净地块内包含的软变化区像元所占比例为 15%，因此，主要结果仍是以纯净的玉米、水稻像元为主。此外，PGCM 能够在一定程度上将水稻、玉米之间的过渡带识别为 SCR。

其二，在不同检验窗口下，SHCD 方法要优于 SCD、HCD 方法。SHCD 方法识别玉米结果中的 RMSE 为［0.18，0.19］，优于 HCD 方法的［0.18.0.20］和 SCD 方法的［0.19，0.22］。窗口在 1×1 的时候，SHCD 方法检测出的水稻 RMSE 低于 0.2（RMSE=0.19），优于 HCD 方法（RMSE=0.21）和 SCD 方法（RMSE=0.22）；SHCD 方法识别出的玉米结果要也优于其他两种方法，SHCD 方法识别结果中的 RMSE 为［0.21，0.23］，优于 HCD 方法的［0.23.0.26］和 SCD 方法的［0.23，0.25］。窗口在 1×1 的时候，SHCD 方法的 RMSE=0.237，HCD 方法的 RMSE=0.251，HCD 方法的 RMSE=0.266。SHCD 方法在 HCR 内能够准确地识别出农作物的变化方向，消除农作物光谱不稳定性的影响，在 SCR 内能够利用特定的端元进行 CESVM 检测，解决了 HCD 方法夸大 SCR 农作物识别结果的问题，两种农作物 SHCD 方法的 RMSE 要比 HCD 方法和 SCD 方法的 RMSE 要低 2%～5%，bias 与真值的总量更为接近。对于空间相邻的同期农作物水稻、玉米产生的 SCR，由于能够准确地获得端元，CESVM 识别出的结果能够保证二者的丰度之和为 100%。

利用 SHCD 方法识别秋粮农作物，由于同期农作物比较多，与夏季农作物有所不同。通过 PGCM 能够识别出与目标农作物光谱相差比较大的地物，如果光谱比较接近，该方法仍然存在一定的局限性。

6.4 本章小结

本章针对夏粮（冬小麦）、秋粮（玉米、水稻）开展了 SHCD 方法农作物检测识别真实实验，得到了较为满意的结果。

首先，在冬小麦实验中，针对研究区内采用 PGCM 方法选取 [12, 20]，能够将影像划分出硬、软变化区，在纯冬小麦区内部，SCR 像元所占比例为 3%，说明 SCR 内的农作物所占比例是比较低的；在秋粮实验中，纯净的玉米、水稻像元内 SCR 像元所占的比例为 5%、15%，由于秋粮农作物比较复杂，从灌水期到生长期水稻的光谱异质性比较强，导致 PGCM 识别出的 SCR 像元所占比例较高。整体分析，PGCM 能够在一定程度上有效地划分出农作物的 HCR 与 SCR。

其次，对于冬小麦识别结果，在不同窗口尺度下，SHCD 方法识别结果整体表现出最低的 RMSE 和 bias，以及最高的 R^2（RMSE 范围为 0.07～0.13，bias 为 −0.000 7，R^2 为 0.74～0.90）。对于秋粮识别结果，SHCD 方法识别出的玉米和水稻的 RMSE 要比 HCD、SCD 方法的 RMSE 要低 2%～5%，bias 与真值的总量更为接近。SHCD 方法借助 CESVM 根据光谱和空间特性搜索端元，进行不同农作物的分解，保证了输入端元的准确性，在地块内部如果遇到光谱不稳定的情况，通过周边搜索的端元，可以排除无效端元的干扰，有利于提高 SCR 农作物识别精度。

从真实实验可以看出 SHCD 方法在农作物识别中有其优势，光谱的不确定性仍然是影响 PGCM 方法的因素，今后研究可以最大可能地考虑到像元周边的光谱频率特征，确定 SCR 内的像元，提高 SCR 的识别精度，再配合 CESVM 会更大程度地提高 SHCD 方法识别农作物的精度。

7　结论与展望

及时、准确地获取农作物播种面积信息，对于制定国家/区域农业经济发展规划、指导种植业结构调整，提高农业生产管理水平具有重要的意义。本书提出了一种集成硬变化检测（HCD）和软变化检测（SCD）的农作物变化检测识别方法——软硬变化检测的农作物遥感识别方法（SHCD），分别开展模拟实验（3 个实验区）、真实实验（2 个实验区）进行研究，与传统的 HCD、SCD 方法进行定量比较，验证 SHCD 方法的适用性。

7.1　主要研究结论

7.1.1　构建了通过遥感软硬变化检测识别单季农作物的提取模型

本书针对传统软、硬变化检测农作物识别方法存在的问题，提出了软硬变化检测的农作物遥感识别方法（soft and hard detection method，SHCD），以实现对离散型变化区，即硬变化区（hard change region，HCR）和连续型变化区，即软变化区（soft change region，SCR），分别采用 HCD、SCD 方法进行变化检测，建立软硬变化检测的农作物识别框架。一方面，在硬变化区可通过土地覆盖变化状态来有效识别农作物（即纯净农作物像元区）；另一方面，可在软变化区通过农作物变化状态和变化程度更好地识别农作物的丰度信息（即混合农作物像元区），达到利用多期遥感影像变化检测提高农作物识别精度的目的。

为验证 SHCD 模型的有效性，分别开展模拟实验（3 个实验区）、真实实验（2个实验区）进行研究。模拟实验区位于大兴、通州、延庆，目标农作物为冬小麦、玉米，以 QuickBird、RapidEye 数据为基础进行测试。实验结果表明，在种植结构较为单一的区域，破碎种植和规整种植景观下，SHCD 方法较 HCD、SCD 方法能够保持较高且稳定的精度。在种植结构较为复杂的秋粮区域，虽然 SHCD 方法的 RMSE 较低，但其精度仍高于 HCD、SCD 方法，识别结果更加有效。真实实验区位于北京通州、大兴、朝阳交界处和辽宁，目标农作物分别为冬小麦、玉米、水稻，以中分辨率 HJ-1 环境卫星 Landsat 8 多光谱数据为基础进行测试。北京实验区实验结果表明，较 HCD、SCD 方法，在不同窗口尺度下，SHCD 方法识别结果整体表现出最低的 RMSE 和 bias，以及最高的 R^2，因而显示出较高的冬小麦识别精度和稳定性。辽宁实验区实验结果表明，SHCD 方法识别出的玉米和水稻的RMSE 要比 HCD、SCD 方法的低 2%～5%，bias 与真值的总量更为接近。SHCD方法借助 CESVM 根据光谱和空间特性搜索端元，进行不同农作物的分解，保证了输入端元的准确性，在地块内部如果遇到光谱不稳定的情况，通过搜索周边的端元，可以排除无效端元的干扰，有利于提高 SCR 内的农作物识别精度。

实验结果表明，本书提出的软硬变化检测的农作物遥感识别方法原理较为合理，在各尺度下对于单季农作物的提取精度较高，显示出较高的稳定性，能够更加客观地反映农作物的实际分布情况，较传统方法更具优势。

7.1.2 基于剖线梯度变化方法（PGCM）来确定阈值，进行 HCR、SCR 和 NCR 三个区域的划分

以 RapidEye 和 QuickBird 数据为基础进行的模拟实验表明，各个不同的尺度，PGCM 都能识别出相对应尺度的软变化像元。在较高分辨率尺度的时候，软变化像元主要分布在地块的边缘和地块的内部。随着影像分辨率尺度逐步增大，地块内部

的光谱异质性逐步降低，光谱异质性对于 HCR、SCR 之间的划分影响不大。在破碎种植情况下，随着分辨率的逐步降低，地块中的纯净农作物像元数量迅速减少，混合像元现象严重，PGCM 也能够很好地识别 SCR，减少 HCD 方法带来的误差。

以中分辨率 HJ-1 环境卫星 Landsat 8 多光谱数据为基础的真实实验表明，在冬小麦实验中，针对研究区内采用 PGCM 方法选取 [12，20]，能够将影像划分出硬、软变化区，在纯冬小麦区内部，SCR 像元所占比例为 3%，说明 SCR 内的农作物所占比例是比较低的；在秋粮实验中，纯净的玉米、水稻像元内 SCR 像元所占的比例为 5%、15%，由于秋粮农作物比较复杂，从灌水期到生长期水稻的光谱异质性比较强，导致 PGCM 识别出的 SCR 像元所占比例较高。整体分析，PGCM 能够在一定程度上有效地划分出农作物的 HCR 与 SCR。

综合来看，变化强度影像能够有效描述农作物的变化情况，PGCM 能够在地块边界探测到软变化像元，根据阈值进一步划分出 HCR、SCR 像元，为农作物利用 SHCD 方法进行变化检测打下基础，识别结果与农作物分布结果真值保持一致性。

7.1.3 基于支撑向量机（SVM）和限制性端元 SVM（CESVM）对 HCR、SCR 区域进行识别，实现单季农作物快速识别

利用支撑向量机和限制性端元 SVM 对 HCR、SCR 区域进行识别，开展了冬小麦（大兴、通州）、玉米（延庆）的模拟实验。在采用模拟数据进行 SHCD 方法检测识别验证的基础上，利用真实的中分辨率遥感影像（30 m）进一步分析 SHCD 方法的适用性，分别针对夏粮（冬小麦，北京）、秋粮（玉米、水稻，辽宁）开展实验。实验结果表明：总体来看，SHCD 方法在不同实验区，对不同种类的单季农作物识别效果好于传统 HCD、SCD 方法。

1. SHCD 方法农作物检测的模拟实验

1）地块破碎的冬小麦实验

在不同分辨率下，当窗口为 1×1 时，SHCD 方法检测冬小麦结果的精度都比较低，SHCD 方法的 RMSE 为 [0.11，0.15]，要低于 HCD 方法的 [0.13，0.28]

和 SCD 方法的 [0.12，0.14]，且在各个不同的尺度能够得到稳定的识别结果。由于该地区地块破碎，以 10 m 分辨率作为分界点，高于此分辨率 HCD 方法检测精度高于 SCD 方法，低于此分辨率 HCD 方法检测精度低于 SCD 方法。对于 SHCD 方法，基本不受冬小麦景观特征的影响，无论是低于还是高于 10 m 分辨率，SHCD 方法均能够继承 HCD、SCD 方法的优势，保证冬小麦识别的精度。

2）地块规整的冬小麦实验

在采用 PGCM 准确地划分出 HCR、SCR 后，在 1×1 的窗口范围之内，SHCD 方法的 RMSE 为 [0.1，0.12]，要低于 HCD 方法的 [0.16，0.18] 和 SCD 方法的 [0.16，0.18]，随着检测窗口的增大，SHCD 方法的 RMSE 比 HCD、SCD 方法的 RMSE 均小。同研究区一中的结论，SHCD 方法识别结果在不同像元尺度上分别都保持较高的识别精度，在不同像元分辨率尺度上，RMSE 均小于 HCD 方法，并保持一定的稳定性，这说明 SHCD 方法能够在任意尺度上达到较高的识别精度。

3）种植结构复杂的玉米实验

在 1×1 窗口内，从 10 m 到 60 m 分辨率尺度，SHCD 方法的 RMSE 范围稳定在 [0.31，0.34] 之间，低于 HCD 方法的 [0.33，0.39] 和 SCD 方法的 [0.35，0.36]。bias 作为衡量整体区域总量偏差的指标，相对于冬小麦而言，识别精度在不同尺度上偏差比较大，且均为正值，这正是由于尺度增大，同期农作物相混，导致其他农作物混入到玉米结果中，致使区域的总量精度增加。以 20 m 作为分界点，低于 20 m 分辨率的时候，HCD 方法较 SCD 方法的识别精度要高，过了 20 m（包括 20 m），HCD 方法的识别精度要低于 SCD 方法；从 bias 来看，HCD、SCD 方法的区域面积总量接近 0.1，且为正值，结合 RMSE 的特性说明，对于识别同期农作物比较多的秋粮农作物——玉米，容易产生错入现象。在不同分辨率下，SHCD 方法均保持着比较高的识别精度，优于 HCD、SCD 方法。

2．SHCD 方法农作物检测的真实实验

1）SHCD 方法冬小麦的识别

SHCD、HCD、SCD 的 RMSE 在各窗口下的取值范围分别为 0.07～0.13，0.07～0.16，0.07～0.16；bias 的大致取值分别为−0.000 7，−0.008，0.015；R^2 取值范围分别为 0.74～0.90，0.52～0.76，0.55～0.74。整体来看，SHCD 方法的 bias 最低，

RMSE 与其他方法接近，R^2 大于其他方法，且随着像元尺度的增大（超过 4×4）稳定性增幅降低。分析 RMSE 评价结果可知，SHCD 方法的识别结果与真值相比，极值较为稳定。SHCD 方法的识别结果与真值更为接近，能够消除背景因素的干扰，同时避免 HCD 方法识别 SCR 区的二值结果（0～1）。综上所述，SHCD 方法能够准确地识别出冬小麦。

2）SHCD 方法玉米/水稻的识别

在 [1，2，3，4，5] 尺度窗口，随着窗口的增大，RMSE 逐步减小，R^2 逐步增大，主要是尺寸越大，由于农作物的错入/错出效应，窗口内的误差会逐步降低。在窗口为 1×1 的时候，SHCD 方法检测出的水稻 RMSE 低于 0.2（RMSE=0.19），明显优于 HCD 方法（RMSE=0.21）和 SCD 方法（RMSE=0.22），可见该方法的优越性。SHCD 方法检测的水稻总量精度误差稳定在 0.04 以下。SHCD 方法识别出玉米的结果也要优于其他两种方法。在窗口为 1×1 的时候，SHCD 方法的 RMSE=0.237，HCD 方法的 RMSE=0.251，HCD 方法的 RMSE=0.266。相对于水稻的识别结果精度来看，玉米的识别结果精度要低。此外，由于采用 CESVM 对 SCR 区进行识别，在水稻、玉米的过渡带，限制性端元（水稻、玉米）的输入能够有效地识别出二者的丰度，保证二者之和为 100%。

7.2 主要创新点

（1）针对 HCR 和 SCR 共存的现象，结合 HCD、SCD 方法各自的优势，首次提出了 SHCD 方法农作物遥感检测快速测量框架。利用 PGCM 将整个区域划分为三个部分：HCR、SCR 和 NCR。针对 HCR 采用 SVM 分类方法，针对 SCR 采用限制性样本的 SVM 分解方法（CESVM），该方法对于利用多时相遥感影像进行单季农作物识别具有普适性。

（2）提出的 PGCM 识别方法充分地利用了从地块到边缘延伸像元的变化强度落差特性，利用"突变"这一空间邻域特征信息可以有效地确定混合像元，即 SCR 像元，从而选定阈值，进行 HCR、SCR 和 NCR 的划分。该方法操作易行，便于自动搜索到 HCR、SCR 和 NCR 三者之间的分界点，降低人为因素的干扰。实验分别针对不同的农业景观特征，验证了该方法的适用性。

（3）提出了针对 SCR 的 CESVM 的农作物检测识别。针对 SCR 搜索周边的 HCR 区域，根据空间特征和光谱特征来确定端元的方法能够消除端元不确定性的影响，消除"无效"端元输入对 SVM 分解造成"过端元"的影响，保证 SCR 的农作物识别精度。

7.3　存在的问题

本书利用 SHCD 方法进行农作物的检测识别，在一定程度上解决了"异物同谱"的问题，部分消除了混合像元产生的影像，提高了农作物的识别精度，但仍存在以下问题。

（1）PGCM 利用了剖线上的梯度落差划分 HCR 和 SCR，该方法受到光谱的不稳定性的影响，尤其在共同提取多种农作物的时候（玉米、水稻），统一的阈值会导致变化强度低的农作物混入到 SCR 中，夸大了 SCR 范围；同时，该方法无法确定转化方向，造成从植被到裸地的地物（非目标农作物）会混入进来。此外，对于 SCR 划分难以采用定量的精度评价指标进行评价。

（2）CESVM 通过光谱空间和光谱特性确定 SCR 所包含的地物类型，光谱的相关性设定了特定的阈值 10%，这本身具有一定的主观性；同时，该方法只是确定了用于 SVM 分解的端元数量和类型，无法判断端元的光谱特征，而对于 SCR 内的像元多受到周边 HCR 内像元的影响。

7.4　工作展望

为了进一步完善 SHCD 方法框架，提高 SHCD 方法的适用性，需要进一步开展以下研究工作。

（1）提高对 HCR、SCR 和 NCR 的划分能力，进一步提高 PGCM 方法的适用性。对于多类目标农作物，可以将变化强度值结合局部强度落差来提高区域内多目标农作物 HCR、SCR 和 NCR 三者之间的划分能力；进一步发展不同农作物时间尺度的农作物变化强度指标，如融入变化方向构造信息熵的指标，增强描述农作物变化的能力，提高地物变化三者划分的精度。此外，从现有定性的三个区域划分方法发展成为定量的评估方法。

（2）拓展 CESVM 方法端元搜索方法，实现 SCR 内像元 CESVM 分解的端元光谱特征与其内部组分光谱特征具有很高的一致性。可以引入 MESMA 方法、周边 HCR 区域光谱搜索方法来提高输入 CESVM 分解端元的代表性。

（3）在大尺度（如省级）范围内进一步应用 SHCD 方法，进行农作物的检测，尤其是地块破碎、结构复杂的秋粮地区，农作物的种植情况要比本书所选研究区的情况更加复杂，需要进一步应用 SHCD 方法，验证 SHCD 方法的适用性并加以完善。

参考文献

［1］ LU D，WENG Q H. A survey of image classification methods and techniques for improving classification performance ［J］. International journal of remote sensing，2007，28（5）：823-870.

［2］ 吴炳方. 全国农情监测与估产的运行化遥感方法 ［J］. 地理学报，2000，55（1）：25-35.

［3］ PAN Y，HU T，ZHU X，et al. Mapping cropland distributions using a hard and soft classification model ［J］. IEEE Transactions on Geoscience and Remote Sensing，2012，50（11）：4301-4312.

［4］ BADHWAR G D，GARGANTINI C E，REDONDO F V. Landsat classification of Argentina summer crops ［J］. Remote Sensing of Environment，1987，21（1）：111-117.

［5］ 王长耀，林文鹏. 基于 MODISEVI 的冬小麦产量遥感预测研究 ［J］. 农业工程学报，2005，21（10）：102-106.

［6］ 李开丽，蒋建军，茅荣正，等. 植被叶面积指数遥感监测模型 ［J］. 生态学报，2005，25（6）：1491-1496.

［7］ STEFANOV W L，RAMSEY M S，CHRISTENSEN P R. Monitoring urban land cover change：An expert system approach to land cover classification of semiarid to arid urban centers ［J］. Remote Sensing of Environment，2001，77（2）：

173–185.

[8] 徐新刚，李强子，周万村，等. 应用高分辨率遥感影像提取作物种植面积 [J]. 遥感技术与应用，2008，23（1）：17–23.

[9] 张明伟，周清波，陈仲新，等. 基于 MODIS 时序数据分析的作物识别方法 [J]. 中国农业资源与区划，2008，29（1）：31–35.

[10] 张峰，吴炳方，刘成林，等. 利用时序植被指数监测作物物候的方法研究 [J]. 农业工程学报，2004，20（1）：155–159.

[11] 李颖，陈秀万，段红伟，等. 多源多时相遥感数据在冬小麦识别中的应用研究 [J]. 地理与地理信息科学，2010，26（4）：47–49.

[12] 俞军，RANNEBY B. 基于多时相影像的农业作物非参数与概率分类（英文）[J]. 遥感学报，2007，11（5）：748–755.

[13] 潘耀忠，李乐，张锦水，等. 基于典型物候特征的 MODIS–EVI 时间序列数据农作物种植面积提取方法：小区域冬小麦实验研究 [J]. 遥感学报，2011，15（3）：578–594.

[14] 裴志远，杨邦杰. 多时相归一化植被指数 NDVI 的时空特征提取与作物长势模型设计 [J]. 农业工程学报，2000，16（5）：20–22.

[15] MUNYATI C. Wetland change detection on the Kafue Flats//ZAMBIA. By classification of a multitemporal remote sensing image dataset [J]. International Journal of Remote Sensing，2000，21（9）：1787–1806.

[16] BRUZZONE L，PRIETO D F. A minimum–cost thresholding technique for unsupervised change detection [J]. International Journal of Remote Sensing，2000，21（18）：3539–3544.

[17] LUO W，LI H. Soft–change detection in optical satellite images [J]. IEEE Geoscience and Remote Sensing Letters，2011，8（5）：879–883.

[18] ADAMS J B，SABOL D E，KAPOS V，et al. Classification of multispectral images based on fractions of endmembers：Application to land–cover change in the Brazilian Amazon [J]. Remote Sensing of Environment，1995，52（2）：137–154.

［19］ SOUZA C，BARRETO P. An alternative approach for detecting and monitoring selectively logged forests in the Amazon ［J］. International Journal of Remote Sensing，2000，21（1）：173-179.

［20］ ARDILA J P，BijKER W，TOLPEKIN V A，et al. Quantification of crown changes and change uncertainty of trees in an urban environment ［J］. ISPRS Journal of Photogrammetry and Remote Sensing，2012，74：41-55.

［21］ KenneDY R E，COHEN W B，SCHROEDER T A. Trajectory-based change detection for automated characterization of forest disturbance dynamics ［J］. Remote Sensing of Environment，2007，110（3）：370-386.

［22］ LOBELL D B，ASNER G P. Cropland distributions from temporal unmixing of MODIS data ［J］. Remote Sensing of Environment，2004，93（3）：412-422.

［23］ SOMERS B，ASNER G P，TITS L，et al. Endmember variability in spectral mixture analysis：A review ［J］. Remote Sensing of Environment，2011，115（7）：1603-1616.

［24］ VERBESSELT J，HYNDMAN R，NEWNHAM G，et al. Detecting trend and seasonal changes in satellite image time series ［J］. Remote sensing of Environment，2010，114（1）：106-115.

［25］ LU D，MAUSEL P，BRONDÍZIO E，et al. Change detection techniques ［J］. International Journal of Remote Sensing，2004，25（12）：2365-2407.

［26］ JI M，JENSEN J R. Effectiveness of subpixel analysis in detecting and quantifying urban imperviousness from Landsat Thematic Mapper imagery ［J］. Geocarto International，1999，14（4）：33-41.

［27］ MUCHONEY D M，HAACK B N. Change detection for monitoring forest defoliation ［J］. Photogrammetric Engineering and Remote Sensing，1994，60（10）：143-125.

［28］ SOHL T L. Change analysis in the United Arab Emirates：an investigation of techniques ［J］. Photogrammetric Engineering and Remote Sensing，1999，65（4）：475-484.

［29］ TOWNSHEND J，JUSTICE C O. Spatial variability of images and the monitoring of changes in the normalized difference vegetation index ［J］. International Journal of Remote Sensing，1995，16（12）：2187-2195.

［30］ GUERRA F，PUIG H，CHAUME R. The forest-savanna dynamics from multi-date Landsat-TM data in Sierra Parima，Venezuela ［J］. International Journal of Remote Sensing，1998，19（11）：2061-2075.

［31］ NELSON R F. Detecting forest canopy change due to insect activity using Landsat MSS：a vegetative index difference（VID）transformation most accurately delineates forest canopy change ［J］. Photogrammetric Engineering and Remote Sensing，1983，49（9）：1303-1314.

［32］ ALCANTARA C，KUEMMERLE T，PRISHCHEPOV A V，et al. Mapping abandoned agriculture with multi-temporal MODIS satellite data ［J］. Remote Sensing of Environment，2012，124：334-347.

［33］ 邹金秋，陈佑启，SATOSHI U C，等. 利用 Terra/MODIS 数据提取冬小麦面积及精度分析 ［J］. 农业工程学报，2007（11）：195-200.

［34］ 邬明权，王长耀，牛铮. 利用多源时序遥感数据提取大范围水稻种植面积 ［J］. 农业工程学报，2010（7）：240-244.

［35］ LAMBIN E F. Change detection at multiple temporal scales：Seasonal and annual variations in landscape variables ［J］. Photogrammetric Engineering and Remote Sensing，1996，62（8）：931-938.

［36］ JOHNSON R D，KASISCHKE E S. Change vector analysis：a technique for the multispectral monitoring of land cover and condition ［J］. International Journal of Remote Sensing，1998，19（3）：411-426.

［37］ JHA C S，Unni N. Digital change detection of forest conversion of a dry tropical Indian forest region ［J］. International Journal of Remote Sensing，1994，15（13）：2543-2552.

［38］ 张锦水，申克建，潘耀忠，等. HJ-1 号卫星数据与统计抽样相结合的冬小麦区域面积估算 ［J］. 中国农业科学，2010，43（16）：3306-3315.

［39］ PRAKASH A，GUPTA R P. Land-use mapping and change detection in a coal mining area-a case study in the Jharia coalfield，India［J］. International Journal of Remote Sensing，1998，19（3）：391-410.

［40］ SINGH A. Digital change detection techniques using remotely-sensed data ［J］. International Journal of Remote Sensing，1989，10（6）：989-1003.

［41］ BYRNE G F，CRAPPER P F，MAYO K K. Monitoring land-cover change by principal component analysis of multi-temporal Landsat data［J］. Remote Sensing of Environment，1980，10（3）：175-184.

［42］ KWARTENG A Y，CHAVEZ P S. Change detection study of Kuwait City and environs using multi-temporal Landsat Thematic Mapper data［J］. International Journal of Remote Sensing，1998，19（9）：1651-1662.

［43］ LI X，Yeh A. Principal component analysis of stacked multi-temporal images for the monitoring of rapid urban expansion in the Pearl River Delta ［J］. International Journal of Remote Sensing，1998，19（8）：1501-1518.

［44］ COLLINS J B，WOODCOCK C E. Change detection using the Gramm-Schmidt transformation applied to mapping forest mortality［J］. Remote Sensing of Environment，1994，50（3）：267-279.

［45］ COPPIN P R， BAUER M E. Processing of multitemporal Landsat TM imagery to optimize extraction of forest cover change features［J］. IEEE Transactions on Geoscience and Remote Sensing，1994，32（4）：918-927.

［46］ SETO K C，WOODCOCK C E，SONG C，et al. Monitoring land-use change in the Pearl River Delta using Landsat TM ［J］. International Journal of Remote Sensing，2002，23（10）：1985-2004.

［47］ RIDD M K，LIU J J. A comparison of four algorithms for change detection in an urban environment［J］. Remote Sensing of Environment，1998，63（2）：95-100.

［48］ MAS J F. Monitoring land-cover changes：a comparison of change detection techniques［J］. International Journal of Remote Sensing，1999，20（1）：139-152.

［49］ MALPICA J A，ALONSO M C，PAPI F，et al. Change detection of buildings from satellite imagery and lidar data [J]. International Journal of Remote Sensing, 2013, 34 (5): 1652-1675.

[50] WARD D, PHINN S R, Murray A T. Monitoring growth in rapidly urbanizing areas using remotely sensed data [J]. Professional Geographer, 2000, 52 (3): 371-386.

[51] WEISMILLER R A, KRISTOF S J, SCHOLZ D K, et al. Change detection in coastal zone environments [J]. Photogrammetric Engineering and Remote Sensing, 1977, 43 (12): 1533-1539.

[52] HAME T, HEILER I, SAN M A. An unsupervised change detection and recognition system for forestry [J]. International Journal of Remote Sensing, 1998, 19 (6): 1079-1099.

[53] RENZA D, MARTINEZ E, ARQUERO A. A new approach to change detection in multispectral images by means of ERGAS index [J]. IEEE Geoscience and Remote Sensing Letters, 2013, 10 (1): 76-80.

[54] LUQUE S S. Evaluating temporal changes using Multi-Spectral Scanner and Thematic Mapper data on the landscape of a natural reserve: the New Jersey Pine Barrens, a case study [J]. International Journal of Remote Sensing, 2000, 21 (13-14): 2589-2611.

[55] PETIT C C, Lambin E F. Integration of multi-source remote sensing data for land cover change detection [J]. International Journal of Geographical Information Science, 2001, 15 (8): 785-803.

[56] MACLEOD R D, CONGALTON R G. Quantitative comparison of change-detection algorithms for monitoring eelgrass from remotely sensed data [J]. Photogrammetric Engineering and Remote Sensing, 1998, 64(3): 207-216.

[57] ABUELGASIM A A, ROSS W D, GOPAL S, et al. Change detection using adaptive fuzzy neural networks: Environmental damage assessment after the Gulf War [J]. Remote Sensing of Environment, 1999, 70 (2): 208-223.

[58] LIU X, LATHROP R G. Urban change detection based on an artificial neural

network［J］. International Journal of Remote Sensing，2002，23（12）：2513-2518.

［59］ ROBERTS D A，GREEN R O，ADAMS J B. Temporal and spatial patterns in vegetation and atmospheric properties from AVIRIS［J］. Remote Sensing of Environment，1997，62（3）：223-240.

［60］ FOODY G M. Monitoring the magnitude of land-cover change around the southern limits of the Sahara［J］. Photogrammetric Engineering and Remote Sensing，2001，67（7）：841-847.

［61］ FISHER P，ARNOT C，WADSWORTH R，et al. Detecting change in vague interpretations of landscapes［J］. Ecological Informatics，2006，1（2）：163-178.

［62］ HILL R A，GRANICA K，SMITH G M，et al. Representation of an alpine treeline ecotone in SPOT 5 HRG data［J］. Remote Sensing of Environment，2007，110（4）：458-467.

［63］ 许文波，张国平，范锦龙，等. 利用 MODIS 遥感数据监测冬小麦种植面积［J］. 农业工程学报.2007，23（12）：144-150.

［64］ 顾晓鹤，潘耀忠，朱秀芳，等. MODIS 与 TM 冬小麦种植面积遥感测量一致性研究：小区域实验研究［J］. 遥感学报，2007，11（3）：350-358.

［65］ COPPIN P，JONCKHEERE I，NACKAERTS K，et al. Digital change detection methods in ecosystem monitoring：a review［J］. Remote Sense，2004.25（9）：1565-1696.

［66］ 陈晋，何春阳，史培军，等. 基于变化向量分析的土地利用/覆盖变化动态监测（Ⅰ）：变化阈值的确定方法［J］. 遥感学报，2001，5（4）：259-266.

［67］ WANG L，JIA X. Integration of soft and hard classifications using extended support vector machines［J］. IEEE Geoscience and Remote Sensing Letters，2009，6（3）：543-547.

［68］ JENSEN J R. Introductory digital image processing：a remote sensing perspective［M］. Prentice-Hall Inc.，1996.

［69］ 赵英时. 遥感应用分析原理与方法［M］. 北京：科学出版社，2003.

［70］ CAO X，CHEN J，IMURA H，et al. A SVM—based method to extract urban areas from DMSP—OLS and SPOT VGT data ［J］. Remote Sensing of Environment，2009，113（10）：2205—2209.

［71］ 范海生，马蔼乃，李京. 采用图像差值法提取土地利用变化信息方法［J］. 遥感学报，2001，5（1）：75—80.

［72］ VAPNIK V. An overview of statistical learning theory［J］. IEEE Transactions on Neural Networks，1999，10（5）：988—999.

［73］ 张锦水，何春阳，潘耀忠，等. 基于 SVM 的多源信息复合的高空间分辨率遥感数据分类研究［J］. 遥感学报，2006，10（1）：49—57.

［74］ FOODY G M，DOAN H. Variability in soft classification prediction and its implications for sub—pixel scale change detection and super resolution mapping［J］. Photogrammetric Engineering and Remote Sensing，2007，73（8）：923—933.

［75］ LU D，WENG Q. Use of impervious surface in urban land—use classification［J］. Remote Sensing of Environment，2006，102（1）：146—160.

［76］ 赵莲，张锦水，胡潭高，等. 变端元混合像元分解冬小麦种植面积测量方法. 国土资源遥感［J］，2011，1（88）：66—72.

［77］ BROWN M，LEWIS H G，GUNN S R. Linear spectral mixture models and support vector machines for remote sensing［J］. IEEE Transactions on Geoscience and Remote Sensing，2000，38（5）：2346—2360.

［78］ POWELL R L，ROBERTS D A，DENNISON P E，et al. Sub—pixel mapping of urban land cover using multiple endmember spectral mixture analysis：Manaus，Brazil［J］. Remote Sensing of Environment，2007，106（2）：253—267.

［79］ JIA X，DEY C，FRASER D，et al. Controlled spectral unmixing using extended Support Vector Machines［C］. Reykjavik，Iceland，2010.

［80］ YANG X，LO C P. Relative radiometric normalization performance for change detection from multi—date satellite images［J］. Photogrammetric Engineering and Remote Sensing，2000，66（8）：967—980.

［81］ 朱爽，张锦水，帅冠元，等. 通过软硬变化检测识别冬小麦［J］. 遥感学报，2014，18（2）：476-496.

［82］ 赵英时. 遥感应用分析原理与方法［M］. 北京：科学出版社，2003.

［83］ 李苓苓，潘耀忠，张锦水，等. 支持向量机与分类后验概率空间变化向量分析法相结合的冬小麦种植面积测量方法［J］. 农业工程学报，2010，26（9）：210-217.